Zhang zaiyuan

China Urbanism

中国城市主义

张在元 著

中国建筑工业出版社

图书在版编目（CIP）数据

中国城市主义/张在元著．—北京：中国建筑工业出版社，2010.8
ISBN 978－7－112－12199－1

Ⅰ．①中… Ⅱ．①张… Ⅲ．①城市建设－中国－文集 Ⅳ．①TU984.2-53

中国版本图书馆CIP数据核字（2010）第116051号

本书是原武汉大学城市设计学院院长、教授、博士生导师张在元先生对中国城市发展历程所作的思考与评述，共由26篇随笔组成。全书内容包括先驱革命者的城市思想；全球化时代的中国城市战略；东西方城市与建筑文化冲突；和谐社会与宜居城市等。全书具有相当的可读性，可供广大城市决策与管理者、城市规划师、建筑院校师生学习参考。

责任编辑：吴宇江
责任设计：张　虹
责任校对：马　赛　赵　颖

中国城市主义
张在元　著
*
中国建筑工业出版社出版、发行（北京西郊百万庄）
各地新华书店、建筑书店经销
北京图文天地制版印刷有限公司制版
北京盛通印刷股份有限公司印刷
*
开本：787×1092毫米　1/16　印张：11½　字数：368千字
2010年12月第一版　2010年12月第一次印刷
定价：69.00元

ISBN 978-7-112-12199-1
(19462)

自序

1987 年 11 月，享有权威信誉的《新华文摘》在同一版面刊载了钱学森和我关于城市建筑的两篇论文。一位杰出的航天先驱科学家对城市如此关注，使我深为感动与敬仰。钱学森倡导创立城市学的思想成为从建筑到城市的启蒙指南，是我研究城市主义的启航灯塔。

1988 年 4 月，原哈佛大学和东京大学 Fumihiko Maki 教授邀请我到他的研究室主攻城市设计，研究课题为 19 世纪以来英国殖民地城市体系。跨国研究开阔了我的学术视野，让我认识到当年大英帝国称霸世界战略与政策的思想基础正是殖民地城市主义。

城市是人类思想在地球上留下的典型痕迹，城市主义则是人类城市社会进化的文化基因。

凡是拥有城市的国家都存在本国的城市主义。与世界历史进程同步，城市理想、城市政治、城市政策、城市文脉、城市规划、城市经济、城市生活归结为城市主义的时代见证。

15 世纪大航海时代首度测绘世界城市版图，20 世纪信息时代频繁更新世界城市格局。各国城市网络化导致出现世界城市圈，全球城市化正在成为人类社会变革的趋势。尽管城市命运与世界局势日益息息相关，但是，城市如何健康生存与科学发展却取决于国家城市主义。在中国，世界最古老的城市与最年轻的城市和谐共生，形成社会主义特色。从西安到曲阜，从博鳌到义乌，中国城市影响世界的时代已经开始。

一个文明古国如何走上现代城市化之路？人口众多、地域广阔、文化多元、改革开放的发展中国家怎样建立世界最大规模的城市体系？中国是否存在城市主义？这一系列课题成为本书

探讨内容的基本框架。世界城市在同一地平线上，以国际城市比较分析方法力求突破自我封闭的思维局限，而中国城市主义正是面向世界的开放系统。

在世界城市坐标系确立中国城市的时空定位，并以此为基点预测城市走向未来的运行轨迹。21 世纪中国城市面临着更多的机遇和挑战，城市主义为中国城市成长赋予了理想、创意与创造。钓鱼岛和南中国海诸岛建立海洋城市，可可西里等一批新型省会城市诞生，以海上城市桥将台湾与祖国大陆连成一体，连云港至伊犁将出现世界最长的铁路森林城市带……源远流长的城市文明在世界城市之林独树一帜，走向城市中国成为历史进程新的里程碑——这既是目标，同时也是中国城市主义的研究方向。

目录

目录

目录

中国革命先驱者的城市思想及其城市决策影响了20~21世纪中国城市发展的历程。

1. 先驱革命者的城市思想

20 世纪初叶，中国共产党在城市诞生。

20 世纪初叶，中国革命的“星星之火”却在农村点燃。

中国第一代革命者绝大多数出生在农村，从观念到意识，从论证到决策，从思维模式到生活方式深深地烙刻着农业文明时代的印记。

在 20 世纪初叶的中国版图上，我们发现：红色革命根据地几乎全部建立在农村。尽管城市的无产阶级曾经爆发无数次武装暴动或武装起义，但当时几乎没有一座大城市成为革命根据地。

面对白色恐怖，城市的革命者多数转入“地下”工作，而来自农村的革命者却编入红军、新四军、八路军直到解放军，在“地上”冲锋陷阵、前赴后继。结果，经历近半个世纪的中国革命战争从“农村包围城市”取得全国胜利，最终由主要来自农村实力的解放军解放城市，进驻城市，管理城市。

由此可见：20 世纪初叶至中叶，中国革命根据地至解放区成为中国城市新生的摇篮；主要来自农村的先驱革命者成为中国新一代城市的首脑，这是中国城市史上一项具有独特意义的重大历史事件。同样经历第二次世界大战的欧洲城市，战后城市复兴计划从制定到实行主要得益于一个战前遗留下来的“城市规划以及管理的政府班子”。但是，在中国城市战后复兴初期却没有一个类似于欧洲“城市规划以及管理的政府班子”，城市高层主要阵容是来自人民解放军部队的一代年轻革命者。

考察与研究当时管理城市的高层主要阵容——来自解放军部队年轻一代革命者所信奉的城市主义，需要遵循历史背景线索回溯到 20 世纪初叶的中国革命初期，乌托邦以及马克思列宁主义关于城市的思想对先驱革命者的城市思想和城市观念所产生的影响。在一批中国先驱革命者思想雨露的滋润下，从红军、新四军、八路军直到解放军的革命者成长起来。来自解放军部队年轻一代革命者进城以后的经历，验证了毛泽东思想关于“城市”的前后期演变过程，从革命初期的工作重心置于农村到革命成功的新中国成立前夕将工作重心转移到城市。

其实，中国先驱革命者普遍接受了马克思主义关于城市的学说，然而，对于所接受的欧洲以及俄国城市思想的反应并不相同，以致后期关于城市的见解出现系列相异之点。马克思、恩格斯与列宁基于他们所经历的时代以及所定居生活的国家和城市，提出了他们对于本国城市状况的分析见解以及关于城市在人类社会发展过程中的历史作用与意义。

马克思认为：近代历史“是农村城市化，而并不像古人所说，是城市的农村化”。

根据马克思主义学说，全部历史都以城市和乡村之间“持久的斗争”为标志。恩格斯曾经提出一项见解：“文明时代”（与原始公社的社会相对立）的显著特征之一“是把城市和乡村对立作为整个社会分工的基础固定下来”。

值得特别注意之点——尽管马克思主义学说强调城市与乡村之间的差别是一种普遍历史现象，但是，考察世界史即可发现，正是“城市与乡村之间的差别”在西方历史演变过程中已成为发展的动力，这一进程把历史从古代引向现代资本主义。对此，马克思曾经作出论述：城市与乡村处于长期的对立关系，交替地为历史各阶段的进步提供了基础。研究马克思主义学说关于城市主义的系列见解，可以获得一项结论：历史的进步与城市的至高无上相一致。相反，农村的优势往往与历史的停滞或倒退时期相关联。马克思与恩格斯就此曾经写下这样一句名言："古代的起点是城市及其狭小的领域，中世纪的起点则是乡村。"

从《共产党宣言》等著作的系列分析可以发现马克思主义学说关于城市主义的代表性论点：现代史的舞台是城市，而城市的主要角色是城市的两大阶级——资本主义大生产已不可避免地将整个社会划分为资产阶级和无产阶级。在现代史这一概念中，农村和那里的居民充其量只是扮演了一种微不足道的角色，而且可能还是反面角色。

总之，马克思主义学说曾以系列见解阐述一个鲜明的论点：近代历史的特征就是"农村的城市化"，"城市是历史进步的象征"，因此，社会主义的先决条件存在于城市之中。

美国的马克思主义学者莫里斯·迈斯纳认为：马克思主义在俄国的历史，从某种意义上说，就是城市战胜农村的历史。

列宁认为，现代资本主义生产力已经在俄国取得了统治地位；传统农业的特点已经为现代经济力量和阶级差别所削弱，现代城市工业化的逐步发展以及随之而来的现代工业无产阶级的出现，都使革命的中心从农村转移到城市。

无疑，马克思、恩格斯与列宁的城市主义受到他们所经历时代的影响与局限，他们站在欧洲、俄国以及世界历史的一个制高点或转折点对城市提出具有划时代的系统学说，在一个历史时期对于中国革命以及中国革命者的城市思想产生了一定影响，首先是给中国先驱革命者带来一系列对立性与比较性思考：从农村到城市，城市能够作为革命根据地吗？从北方城市到南方城市，革命火种在何处又该如何点燃？中国城市与俄国城市和西方城市在马克思主义学说中处于平行地位吗？诸如此类的问题导致城市思想以及城市思考的系列基点可以归纳为：

（1）事实上，马克思列宁主义的城市学说建立于完全不同于中国城市状况的欧洲与俄国的工业时代。20世纪初叶，马克思列宁主义传入中国之际，中国并不是一个以城市发展为主导的国家，而是一个准农业国家，而且当时也并不拥有与欧洲和俄国并列的城市工人阶级。于是，当马克思列宁主义的城市学说开始进入中国并为先驱革命者所接受时，困惑产生了：在一个"落后的"农业国家，革命的重心与中心究竟是在城市，还是在农村？

（2）在一个半封建、半殖民地的落后中国，没有经历工业革命历史阶段，现代资本主义工业并没有在中国土生土长，而只是沿海以及长江流域少数殖民地和租界城市（主要是通商口岸）在帝国主义庇护下发展起来。作为被迫建立租界与殖民地社区的城市，作为主导城市发展的工业资本主义来自西方，包括西方早期工业化社会所带有的革新及其弊端，造成中国近代城市的两极分化——沿海通商口岸城市成为帝国主义与资本主义的堡垒，甚至那里的中国资本主义也是紧紧地依附于外国帝国主义；而内陆城市似乎仍然徘徊于农业文明与前工业社会初期朦胧阶段的边缘，那些城市（集镇）最接近农村革命根据地，正因为如此，那里才是中国革命的真正的起源地吗？

（3）20 世纪 20 年代，毛泽东认为：中国资本主义是帝国主义侵略的产物，并带有帝国主义的性质；外国势力对于中国通商口岸城市的统治表明城市不过是外国统治的舞台，而不像马克思确信的那样是现代革命的舞台。美国的马克思主义学者莫里斯·迈斯纳认为：正是毛泽东的这种观念导致了他强烈的反城市偏见，并相应地导致了他那种强烈的农民倾向。城市等同于外来帝国主义与资本主义影响，而农村才是本民族家园。由此所导致毛泽东等一批先驱革命者对城市持有普遍的怀疑态度，认为城市是资产阶级思想、道德和社会腐败的根源，而这一切都是由于帝国主义的入侵，正是这种入侵使中国城市沦落成为西方帝国政治、资本与思想统治的象征。即使 1949 年以后，毛泽东仍然对城市持有基于资产阶级思想繁殖以及资产阶级思想腐蚀的怀疑态度，以致在一个历史阶段，中国先驱革命者并未能接受马克思主义关于工业化意味着城市化的正统观点，而是致力于使国家进入“农业大国至上”的非城市化道路。而这种非城市化道路究竟是不是一条适合中国国情的社会主义发展之路呢？

19 世纪鸦片战争以前，中国只有“城”的传统世俗定义，从“县城”到“京城”，从“城里”到“城外”，从“城墙”到“城郭”，从“城厢”到“城门”，从“空城计”到“兵临城下”，从“进城赶考”到“倾国倾城”，从“城池”到“大码头”，数千年来中国民间世世代代叙述着一个个关于“城”的故事。

鸦片战争以后，帝国主义列强以西方社区模式在沿海通商口岸建立起殖民地与租界“城市”，这是中国城市史上从“城”到“城市”的一个转折点或一个起点。与西方城市同类以及同步发展的“中国城市”成长起来，无论是通过战争，还是以民间贸易形式传入或引进的西方城市理念、城市规划方法、城市设计原理、城市建设规范程序以及城市设备，都来自西方的城市思想与城市技术孕育了以沿海通商口岸为代表的“城市”诞生。大街小巷都有“洋人”、“洋装”、“洋房”、“西洋镜”与“洋场”。这些“城市”与当时的中国农村形成鲜明的对比与反差，在中国人眼里，前者是多么“洋气”、“浮华”、“排场”、“奢侈”与“腐化”，而后者却是那么“乡土”、“俗气”、“简朴”、“贫困”与“落后”。于是，城乡之间在文化和社会经济方面的差别日益增大，贫富差异、生活素质差异、环境差异以及人格差异导致当时一批抱有国家责任感的有识之士积压迸发出强烈的民族精神。以一批革命先驱为代表的民族主义者认为：帝国主义列强瓜分占领了中国的城市，城市成为帝国主义与资本主义在中国的“统治象征”，也是大资产阶级、大地主、大买办以及剥削阶级的藏身之地，是工人阶级的地狱，是保守主义和道德败坏的异己堡垒。正如罗兹·墨菲在他的一部研究著作中写道：中国城市仍然是“传统儒家制度、西方帝国主义者……与国民党正式的和象征性的堡垒”。只有农村受帝国主义、资本主义与资产阶级的影响小，农村到处是革命的“干柴烈火”，在农村才可以找到民族复兴的同盟军，才可以发现民族复兴的希望之光。

李大钊和毛泽东都是农民革命最早和最积极的倡导者，从而导致中国革命是在农村问题上“创造性地发展”了马克思列宁主义的理论基础。因此，中国革命的基本特点必然是以农村为基础包围外来势力和国民党反动派控制的城市。

李大钊于1918年宣称自己是一个马克思主义者后的第一个政治行动就是号召他的学生及其追随者离开城市“腐败的生活”，“到农村去”，“拿起锄和犁，成为辛勤劳动的农民的伙伴”。

毛泽东早期对城市的态度一直支配着他对城乡关系的理解：把城市与外国的反动势力及其资产阶级影响予以联系，把农村看成真正民族的希望以及革命的根据地。于是，毛泽东认为：中国社会的“对抗性矛盾”之一是城市与农村之间的矛盾，“那里外国帝国主义和本国买办大资产阶级所统治的城市野蛮地掠夺乡村”。由此导致毛泽东早先对农村革命潜力的确信和对城市的否定态度：“革命的农村”和“保守的城市”这一观点在毛泽东早期思想中根深蒂固。

马克思相信，现代历史使得农村依赖于城市，“农民的国家依赖于资产阶级国家”；而毛泽东则坚信，现代革命的历史表明，农村将战胜城市，农民国家最终将战胜资产阶级国家。

尽管20世纪前半叶中国革命是以农村为根据地，但是这场革命的最后目标，正如约翰·刘易斯所说，“始终是城市”。早在1939年，毛泽东就号召革命者把注意力转向“城市工作”。“农村包围城市”的最终目的“是夺取作为敌人主要根据地的城市”。1949年，当中国几乎所有城市被人民解放军解放之时，毛泽东则宣布：“党的工作重心由乡村转移到了城市”。

马克思主义提出一项假设：工业化必然要求城市化。由此又提出相关见解：城市对农村居于完全主导地位是实现共产主义的历史前提。中国革命实践导致中国革命先驱者对于马克思主义的城市学说有了进一步深刻而又独到的理解，“深刻性”与“独到性”的理解基点是中国特有的城乡状况及其城乡关系。事实上，马克思与列宁并未经历与实地调查当时中国特有的城乡状况及其城乡关系，而作为实地经历者的李大钊、毛泽东等一代革命先驱正是基于中国特有的城乡状况及其城乡关系提出了早期中国革命的理念及其策略。在20世纪中叶中国革命胜利之时，毛泽东主义的目标既不是使城市“农村化”，也不是使乡村“城市化”，而是要使农村建设中国特色的现代化，使城市逐步融于现代化和共产主义的农村环境。于是，整个中国社会便向消除城乡差别的宏伟目标迈进——“把农业和工业结合起来，促使城乡对立逐步消灭”。

事实上，中国革命先驱者的城市思想及其城市决策影响了20~21世纪中国城市发展的历程。19世纪中国诞生了与世界同步发展的“城市”，20世纪中国出现了“农村包围城市”的国家革命成功的世界奇迹。马克思主义在欧洲提出了“以城市为主导实现共产主义”的学说，毛泽东在亚洲则提出了“以农村为革命根据地包围城市最终夺取全国解放胜利”的伟大战略。显然，毛泽东关于城市的学说是从“反城市”入手逐步进入“解放城市”到“建设城市”——这种规律及其模式只有在20世纪中国革命进程中才可以找到。

毛泽东告诫接管城市的军人："必须学会管理城市与建设城市。"

2. 从战场到城市

1949年10月1日，毛泽东在天安门城楼上宣布："中华人民共和国诞生了！中国人民从此站起来了！"这是中国国家命运具有历史意义的转折性庄严时刻，也是中国城市历史上一个划时代转折点。

外部世界开始注视一个年轻的社会主义国家出现在古老东方的地平线上。同时，世界舆论也开始关注一个极为敏感的话题：中国共产党能够治理并管理好满地战争创伤的城市吗?

国民党仓皇逃往台湾前夕，解散了系列城市主管职能部门，大规模销毁城市行政和技术档案，并以"防卫战"为借口破坏城市基础设施。当人民解放军占领城市之时，许多大城市"核心功能系统"几乎全部瘫痪。

1949~1953年，从台湾起飞的飞机时常轰炸东部沿海城市，造成无数市民伤亡，许多工厂以及居住区遭遇毁灭性袭击。

与此同时，国民党遗留特务以及地下黑社会势力乘机实施各种恐怖手段，给刚从战争状态下解放的城市生活与生产造成相当程度的损失。

……

如何确保"城市安全"以及正常生活与生产秩序成为新中国成立初期城市管理的首要目标。

于是，根据中央决定，人民解放军部队陆续进驻城市。

中国共产党领导的人民解放军部队管理城市的第一批机构是成立"城市军事管制委员会"。

历史证实，当时的"城市军事管制委员会"以系列武装镇压与防范治安等措施有效地遏制了各种敌对势力破坏城市的行为，确保了新生城市市民的新生活秩序。

当四大野战军解放一座座城市之后，一批批经过选拔而具有相当文化素质的年轻军人从战场到城市，脱下军装，成为城市管理者（还有一批地下党组织干部也就地转入城市管理机关）。

中国城市经历了20世纪中叶一次史无前例的城市文化与体制变革，"城市党委"和"城市政府"共同治理、管理城市的干部以战场的气概与作风荡涤旧社会城市遗留下来的"污泥浊水"，将1949年以前的城市伤疤和毒素——各种黑社会组织（帮会以及行会）、赌场和妓院清除干净，从城市社会生活方式与城市社会生产方式同步改造入手，致力于建立新中国城市健康、清洁、公正与和平的新形象。

毛泽东告诫接管城市的军人："必须学会管理城市与建设城市。"

管理城市与建设城市的军人干部进入"城市机器"的各个岗位，经历初期陌生接触阶段的重重困难和阻力，终于启动"城市机器"，使其按照新中国城市体制开始运转。

国民党统治时期一批城市伪政府文职官员继续留任，经"城市军事管制委员会"慎重审查并进行整编教育之后，进入城市政府的各个部门，与军人干部逐渐建立和谐工作关系。

绝大多数军人干部在管理城市与建设城市初期过程忠于职守、廉洁奉公，逐渐赢得市民的认可与拥护。

新中国成立初期，城市工作主要包括“实行工商业改造”、“恢复工厂生产”以及确保“市民生活安全”。所有城市市区几乎维持原状，城市没有任何大规模新区开发，也没有大型基础设施建设。

改善城市环境卫生条件成为建国初期城市工作的主要侧重点。北京龙须沟环境的变迁事实赢得了市民对城市新政府的好感和爱戴。

北京虽然是世界闻名古城，但是由于经历清末的腐败，民国初年的军阀混战，20世纪三四十年代日本帝国主义入侵和国民党的反动统治，到新中国成立前夕，已被糟蹋得破烂不堪，加上物资匮乏，通货膨胀，人民生活十分困难，生活条件极差。建国之后，北京成为中华人民共和国首都，又是党中央和中央人民政府所在地，根据这些特点，北京市委在彭真同志领导下，对市政建设应当怎么搞，应当遵循什么样的方针，进行了反复研究。市委提出为生产服务（变消费城市为生产城市）、为劳动人民服务（首先解决劳动人民聚集地区的问题），为中央机关服务（为党中央和中央人民政府提供方便的工作、生活条件）的“三为”方针。

当时，中国的大学没有城市规划专业设置，因此也没有自己的城市规划专业队伍。接管城市的军人干部队伍中几乎完全没有具备城市建设相关学科以及城市规划专业学历的专家，一切都是遵循毛泽东的教导：“在战争中学习战争”。显然，从战场到城市的途径是“在城市建设中学习城市建设”。

从1949年解放到新中国第一个五年计划实施期间，是中国城市从一个半封建半殖民地社会走向独立自主国家的转折点。城市主权更新、城市主人变更、城市体制转型、城市治理规范孕育新生城市的生命力，百废待举、百业待兴的落脚点归结为人才，尤其需要必要的专业干部梯队支撑新城市运行结构体系。尽管军人干部加速学习进入城市管理与建设层面，但城市毕竟是一门极其复杂的系统科学，不同于战争的军事指挥及其组织形式，可以说，战场的规律不同于城市规律。

于是，城市决策与管理阶层由于缺乏城市规划、城市建设、城市管理的专家队伍支撑开始凸现系列问题，焦点体现：

（1）城市是政治统率一切还是规划统筹一切?

（2）战场的一套做法在城市工作中往往行不通，难道军人干部的本色会因此而丢掉吗?

（3）军人以鲜血和生命为代价解放了城市，但却不能以鲜血和生命为代价来管理城市。显然，管理城市首先需要科学知识与技术，可是居于城市主要职位的领导干部却普遍缺乏管理城市的必要知识与技术基础，怎么办?

当时的情况是：

基于国家与城市体制的基本原因，居于城市主要职位的领导干部必须保持相对稳定，并且要维护城市主要领导的形象威信。无疑，以新中国新国家机制当时定位，城市必须是政治统率一切，而不是规划统率一切，技术干部必须在行政干部领导下无条件地从事各项专业工作。

城市生活与生产秩序保持稳定状态，处于共和国成长初期的计划经济起步阶段，并不需要以关键经济指标考核干部政绩，只需要坚守岗位，辛勤工作，成为市民的公仆。

这是一个社会和谐、城市全面复兴的时期，人民心态平和，对新中国城市充满期待与憧憬，也对城市主要领导人予以自然真诚的尊重，即使在城市建设某些方面一时出现“失误”，一方面缺乏媒体披露与社会监督，另一方面则是人民的宽容与传统性通情达理，社会主流层面的反应几乎完全是以“统一步伐”的姿态与上级保持一致。

新中国成立前遗留下来的旧城市政府公务员陆续回到新政府部门开始行使管理城市与建设城市的职能。由于军人干部经过良好的军队组织纪律训练，而且绝大部分干部文化程度不足，虚心好学，不耻下问，逐渐与拥有较高专业素质教育的城市政府公务员建立起协调关系，从而有效地推进管理城市与建设城市进展。

新中国诞生初期，城市生活从旧社会的黑暗、贫穷、混乱转入新社会的光明、全民温饱和安定，市民对于现实普遍知足，对于城市家园以及从战场到城市的领导人充满自然挚爱的情感。

北京市的第一届城市高层首脑班子成员主要是军人。进城后，他们并未局限于“战场”与“城市”的界限，进入岗位，很快进入“将工作重心转入城市”的状态，而且抓住“城市发展规划”这一根本环节，为首都复兴建设奠定了基础条件。

事实上，从战场到城市的军人干部在治理与管理城市过程中所面临的复杂问题远远超出他们年龄、经历、学历以及人生经验的局限，面对刚刚从一个半殖民地半封建社会解脱出来的城市局面，需要刚刚离开战场的年轻军人干部对于系列错综复杂的社会难题作出判断与决策，确实一时非常困难。事实上，以军人风格快刀斩乱麻的方式解决各类城市社会纠纷以及颠覆事件，实效显著，深得市民欢迎与爱戴。另一方面，对于一系列城市从战争创伤中恢复正常秩序所需要处理的技术问题，还有与城市基础设施建设相关的诸多事项，需要城市新政府干部作出决定，显然在各类“决定过程”中陆续出现了一时不可逾越的障碍——干部队伍技术支撑背景准备不足。于是，矛盾开始变得更为突出与复杂——担任城市规划、建设与管理技术工作的“内行”与上级主管领导的“外行”之争开始出现。

在城市建设工作中，究竟是“外行”领导“内行”还是“内行”领导“外行”？以当时的政治环境透视并非简单的时务观念，而是逐步上升到一种城市权力之争——城市领导层甚至怀疑那些“内行”是否要抢班夺权？！这并非简简单单的技术问题，而是城市大印由谁来执掌？我们前赴后继以生命和鲜血解放了城市，毫无疑问，城市必须是我们的天下，“内行”的“阴谋”不可能得逞。

以当时第二次世界大战后城市初期恢复建设的事实评析，“内行”向上级提出的主要是纯粹性城市技术问题，因为许多解决纯粹性城市技术问题需要上级领导拍板决策。其实，绝大多数“内行”并未以此参与争权夺利。但是，一方面当时城市主要领导层几乎没有完整的技术干部，同时也缺乏必要的技术咨询与顾问专家或部门；另一方面，城市主要领导人多为战场下来的有功之臣，居功自傲或者居功自负心理或多或少妨碍了上级与下级“内行”之间的平行沟通，在一些涉及决策争议的城市大事面前，多数领导者首先想到的是自己的权力和地位，而不是那些“内行”喋喋不休倾诉的技术课题直至计划。

这是20世纪中叶中国城市历史的一个片断，当时所谓“内行”与“外行”之争的事实结论导致中国城市留下一个“轻视城市科学的城市病后遗症”。

中国城市成长的曲折经历促使20世纪后期的城市领导层开始觉悟：政治统率城市的基本前提就是尊重城市科学，而城市规划则是城市科学的基本载体，“内行”则是推进城市规划贯彻实施的基本阵容，其中，既有专家，也应该有城市领导。

20世纪中叶的中国城市，处于农业文明与工业文明时代的“山谷”之中，尤其是农业大国的农民意识以及农民生活状况一直影响城市军人干部的心态与情绪，因为进入城市政府的军人干部绝大多数在农村土生土长，参加革命后一直在枪林弹雨的战场出生入死，几乎没有接触过与城市相关的任何技术问题。城市新政府干部以朴素的农民意识首先想到的是市民柴米油盐衣食住行的基本生活问题，一时不可能将工作重心上升到思考城市远景发展的规划与决策。这是当时中国城市现状以及城市观念的“局限”，如果说20世纪50年代中国城市规划出现先天不足的历史现象，当时城市新政府干部的视野以及观念“局限”便是其中主要因素。

天塹从此变通途

長江大桥全部完工

昨天在群众欢呼声中正式举行試通車

新华社25日訊 武汉長江大桥工程已在9月25日全部完工，今天正式举行試通車。这项工程是我国第一个五年計划中主要建設項目之一。这个工程經过国家驗收交接委員会驗收后，即將交付使用。

武汉長江大桥工程是继汉水鉄桥工程之后，在1955年9月正式开工的。我国鉄路职工在党和政府的領导下以及全国人民的支援下，只用了兩年的时間就把我国前所未有的巨大桥梁工程，根据我国五年計划規定提前近兩年胜利地完成了。

在这座大桥施工过程中，全体职工在苏联专家帮助下，第一次以大型管柱鑽孔法代替了过去建桥常用的压气沉箱法，克服了基础工程施工因高水位間歇施工的限制，一年四季不停的施工，从而大大縮短了大桥完工日期。同时根据經驗証明，这种深水基础施工方法，还可以推广到其他水利工程和工業建設工程中去广泛使用。

目前，大桥工程局全体职工为了庆祝大桥通車，正在积極赶修武昌岸沿江人行道，进行場地清理和桥头的綠化工作。

本报武汉25日电 刚竣工的武汉長江大桥在今天上午正式試通車，接待了湖北省和武汉市的党、政、軍負責人和各界人士一千五百多人。更多的武汉人民，也很早就聚集在大桥兩端的龟山和蛇山上等待观看試通車。

参加試通車的人們在武昌桥亭聚齐后，即乘电梯下到鉄路桥面，沿着鉄路兩旁的人行道步行过江。九点鐘，大家乘着一列挂着毛主席巨像的、由十七个車厢組成的火車从汉陽駛过大桥。这时，汉陽岸的引桥和緊靠着引桥的龟山上下，响起了一片暴風雨般的掌声。接着，人們又在武昌改乘汽車由公路桥面过江，并駛过汉水公路桥到达汉口武汉关附近，市民群众夾道热烈欢迎。試通車后，他們在海員俱乐部看了長江大桥基础施工和鋼梁施工的科学技术影片。

在举行这次正式的試通車以前，武汉長江大桥还先后在8月中旬举行过非正式的試通車，在9月上旬举行过严格的科学鑒定。据鑒定人員談，武汉長江大桥的質量是很好的。这种結論在今天的試通車中又一次地得到了証明。

今天上午，江上刮着五級巨風，波濤洶涌，行船很少。但人們却自由行走在大桥上，不受任何影响。阻碍南北交通的長江天塹至此变成暢行無阻的通途了。武汉鋼鉄公司总經理李一清向記者說："武鋼每年要从北方运来二三百万吨原料（包括煤和耐火材料的原料），还要向北方运數十万吨成

的輪渡轉載过江，运

常受風浪限制，很难适

要求。現在，長江大桥

了，今后武鋼物資的运

时，运费可以减少，鋼

本也可以降低。長江大桥

我国經济建設具有重大

参加首批过江解放

峰将軍也談到渡江論

况。他說：当时，最初只有

一小时才过一趟，很慢。

的敌人逃跑了，也沒有办

后来找到一艘輪船，才

他說："从那时起，战士

論：要在江上修桥。現在

桥修起来了。这無論对国

人民交通都有很大作用。

九年工龄、修过三百多座

人石景仁兴高采烈地談到

的五級風浪，一年前还会

施工，"現在，長江大桥

刮多大的風浪也不怕了。"

上：長江大桥正式試通車，二百多輛汽車駛过大桥公路桥面。

右：長江大桥側影。右端为武昌岸的桥头堡，堡內有电梯，行人可由此直上大桥。

第二次世界大战后的中国城市建设迫切需要技术援助，但是却难以在城市文化体系方面接受“全盘苏化”的事实。

3.前苏联专家与中国城市

中国共产党长期从事解放中国的武装斗争和农村工作，而管理城市和进行经济建设的经验和人才则严重缺乏。新中国成立初期，各地城市所面临城市规划与建设系列问题的首要关键是需要大量专门人才。但是，规划城市、管理城市以及建设城市的人才却严重不足，因此，中国共产党掌握政权以后就特别需要学习规划城市、管理城市以及建设城市的技术与方法，而当时可学习的国家主要就是前苏联。在这方面，聘请大量前苏联专家来华工作，无疑是一条重要而快捷的途径。

1949 年 10 月，中央财政经济委员会主任陈云接见前苏联大使罗申时说明，恢复国民经济的一个重大障碍是缺少懂专业而又忠于人民政府的技术干部。新中国从国民党那里接收下来的工程师和专家总共只有 2 万人，而他们大多数人的政治观念反动而又亲美。以鞍山钢铁企业为例，70 名工程师中竟有 62 名是日本人，他们在心理上仇视中国人和中国共产党。据中国有关统计资料，在东北，技术人员占行业人员总数的比例只有 0.24%。1951 年 7 月，周恩来认定，技术干部严重不足“将是中国工业化的一个主要障碍”。尽管中国政府正在努力“组织训练班和技术大学，派大批学生到苏联留学，但目前战争还在继续，这个问题很难解决”。

为了满足中国的需要，20 世纪 50 年代初前苏联政府提供的直接援助之一，就是派遣大批城市规划、工业技术、军事训练专家以及国家行政管理顾问来华工作。由于缺乏专家，中方甚至无法提出需要经济援助的货物清单，于是毛泽东提出要求设立中苏共同委员会，请前苏联专家“来华与我们共同商定全部或主要部分货单”。显然，这批专家和技术人员来华，对于中国国民经济的恢复，不仅必要，而且是急需。1950~1953 年先后到中国帮助经济建设工作的前苏联专家共计 1093 人。如果按照前苏联政府有关部门的统计资料，1951~1953 年到中国工作的高级专家有 1210 人。

在新中国经济建设的起步阶段，首先最需要技术支持的就是城市建设和基建工程的设计专家，而在这方面中国当时在专家人才储备方面确实无能为力。1953 年，全国总共只有 78 个设计单位，每个单位一般不足 500 人。如此单薄的力量根本无法满足中国全面恢复经济和城市建设的需要。于是，应中国政府要求，前苏联陆续派遣了大批规划与设计专家来华，参与第一批援建项目。1950 年 2 月，毛泽东和周恩来访苏时聘请了第一批 16 个苏联专家规划设计组。朝鲜战争爆发后，为了建设东北城市和工业基地，中国政府又聘请了第二批 3 个苏联专家规划设计组。1951 年，聘请了第三批 23 个苏联专家规划设计组。这样，到 1951 年夏，仅规划与设计专家，前苏联就派来了 42 个小组，其中 30 个安排在东北地区。为了执行“一五”计划，中财委决定再请求前苏联政府派出 5 个综合专家组于 1952 年下半年来华进行全国性城市规划、配置和设计工作。

1954 年 10 月赫鲁晓夫访华期间，中方提出了关于进一步聘请专家的要求：① 派遣解决总体开发长江水利资源项目的专家组到中国来帮助进行勘察工作；② 派遣 40~50 名建筑施工专家帮助中国在新工业城市建立 11 个建筑工程公司；③ 派遣 8 名城市规划方面的顾问专家指导北京市的总体规划；④ 1955 年，派遣 57 名铁路设计专家、6 名铁路施工专家帮助中国进行铁路建设。前苏联部长会议于同年 11 月 25 日通过决议：满足中国政府关于援助中国城市建设、扶持工业企业运行专家的要求，向中国进一步扩大派遣专家并额外接受中国工人来苏联工厂生产实习。

从 1955 年开始，中国政府开始推行第一个五年计划，国家建设重点一方面有限投入城市基础设施建设，而更多的则是侧重于重工业项目布局（当时中央政府曾专门设有重工业部）。当时城市建设的重心及首位是发展工业，基础设施以及土地资源全面优先满足重工业项目建设。由于一些重工业项目从核心技术到系统设备都来自前苏联援助计划，一批批援助中国实现第一个五年计划的前苏联专家先后来到中国。

第二次世界大战后中国城市的初期规划一部分由前苏联专家指导进行。当时，中国不具备城市规划教育以及专业人才机制，因而一些城市（尤其是大城市）建设从规划到实施计划的主体纲要主要以前苏联专家的意见来决定。

管理城市的军人干部执行中央指示，“中苏友好是城市实现一五计划的保障”，因此在城市政策以及城市重点建设项目推进方面完全为前苏联专家的工作开绿灯。

毋庸置疑，前苏联专家给当时中国带来现代城市规划及其城市建设的新观念、新信息与新技术，使管理城市的军人干部以及城市技术人员接触到当时世界上先进的城市学系统理论与方法——这是近现代中国城市化的一个起点。

抗日战争关键时刻，苏联红军进入东北迫使日本关东军投降，给从抗日战争与解放战争战场进入城市的中国军人留下良好印象。现在苏联“老大哥”派专家千里迢迢来到中国城市，作为城市主管的军人干部普遍保持真诚的欢迎姿态，初期工作过程相处融洽。同时，“莫斯科郊外的晚上”、“红莓花儿开”和“喀秋莎”等前苏联歌曲激起包括军人在内的中国人民对新生活向往，前苏联文化在电影、音乐、文学、时装以及建筑方面广泛进入中国城市，一个“中苏友好”的伟大时代开始了。

在决定城市发展方向的城市规划编制过程，管理城市的军人干部几乎完全尊重前苏联专家的意见与决定。但是在实际工作推进过程中，中国城市干部与前苏联专家之间的纠纷直至矛盾不断显现，主要体现于时代观念以及生活方式的冲突，同时也有对于城市治理、规划与管理方面专业上的分歧，其实也就是文化冲突。

前苏联专家带给中国城市的“礼物”不仅仅是技术，而首先是他们的城市文化价值观、城市技术定位以及城市美学倾向。根据中苏两国之间所签协议，“专家”、“顾问”的主张与方案在协议条款上确定为毫无条件地援助（客观上为强加于）中国城市，而中国城市主管干部尽管在一些技术问题上存在不足之处，但却有强烈的民族自尊心和地方保护主义。来自农村与战场的子弟兵干部的骨子里深深地铭刻着“一方水土养一方人”世代相传的道理，而“一方水土”就是“一方文化”。他们善良的“狭隘本性”就是要紧紧地抱着现在属于自己的“一方文化”，作为一座座地方城市的父母官，念念不忘的“职业道德”就是守住这“一方水土”的一草一木、一砖一瓦。既然是我们军人以生命和鲜血解放了这座城市，我们就要百倍千倍珍惜这座城市的每一寸土地。面对前苏联专家那些不切实际的“指手划脚”，或许某些专业术语一时陌生，但是他们在对于城市地方情况不了解的前提下所作出的强制性“专家干预”，引起了城市主管干部的不快甚至抵触——你苏联专家有什么了不起，你才来这里待了几天就这样大口气！放明白，这里是中国不是苏联，下一辈子我要是当个专家准比你们强十倍！

一些前苏联专家在多数场合看不起中国方面管理城市的军人和工农干部，对于一系列关于城市规划与城市项目建设计划与决定讨论，往往不愿意与中国城市主管领导一起开会，或者在会议期间与中国城市主管领导公开顶撞，甚至出现严重分歧。基本原因并不完全在于技术层面，而是人格因素。

1949～1959年期间，进入城市的绝大部分军人转业干部在实际工作中逐渐锻炼成长，一些干部已经成为城市管理以及城市建设方面的实干型专家，有的干部经过在工作实践中用心自学，也已经在城市治理、规划以及管理方面具有对于本地城市了如指掌的驾驭程度。但是，前苏联专家由于与中国地方城市主管干部接触有限，或者从主观职业态度上对这些干部不屑一顾，以致并不了解当时中国城市管理干部的背景及客观情况，在作为城市技术顾问与专家指导方面主观意识过于强烈，导致当时前苏联专家为许多城市所提出的城市规划并未得到重视或采用，即使一部分方案当时被采用，后来也因为种种原因而被停止了。

根据中苏友好合作协定，前苏联政府于20世纪50年代初派遣一批城市规划专家援助中国城市建设，主观愿望符合当时中国城市建设的需要；但在客观上，前苏联政府和中国政府基于中国国情在城市专业层面上掌握当时中国城市的基本情况非常有限，导致由此所产生的系列遗憾结局。其实，当时的中国城市状况与前苏联的城市状况存在明显差异，在前苏联城市环境成长起来并接受城市教育体制培养的专家，可以带给中国城市建设的硬件技术，但不可能输入前苏联城市文化模式。第二次世界大战后的中国城市建设迫切需要技术援助，但是却难以在城市文化体系方面接受“全盘苏化”的事实。因为城市并非单一工业项目设备，而是拥有地方文脉与灵魂的生命载体。进入城市主管领导层的军人在进城初期或许还没有掌握城市系统技术，但在环境潜移默化的过程中却接受、认可并熟悉了当地城市文化。由此可见，在城市建设方面，前苏联援华专家与中国城市主管层的军人干部之间所发生的种种不协调现象，都可以归结为“东西方文化冲突”。问题是，中苏两国政府对于这种在城市层面上发生的“东西方文化冲突”认识与预测准备都相当不足。

中国城市的地方性主要体现于地方文化以及风土人情，前苏联专家进入中国一些城市的时间与需要对一座城市从专业深度上了解程度的时间要求尚存在相当距离，其实对于城市地方性缺乏系统完整的体验与了解，也缺少与城市地方干部必要的专业沟通，以致所提出的城市规划和某些项目实施建设计划与当地当时情况不完全吻合，给许多城市后期发展留下“城市病及其严重后遗症”。譬如，依据前苏联专家所作华北某大城市规划，将一个大型钢铁冶炼项目布局于城市主导风向上风向，导致这座城市至今仍然处于污染状况下，曾在20世纪90年代连续居于世界十大污染城市前列。

20 世纪 50 年代末至 60 年代初前苏联专家全部撤回国之后，主管城市的军人转业干部继续与自己的专家队伍共事，共同摸索本国城市建设规律，尽管经历弯路，但是在结合本地情况所稳妥推行的建设措施却逐渐获得成效。

但是，这个时期中国城市的先天不足仍然是“城市规划意识”、“城市规划机制”以及“城市规划人才”。在当时计划经济体制下决定城市发展方向的主要控制力并非科学的城市规划，而是代表个人意见的“长官意志”。

我们的首都应该成为我国政治、经济和文化的中心。

4. 新中国首都的“城市规划”

人民解放军攻克城市的战火硝烟刚刚在城市边缘地带消失，城市回到人民的怀抱。城市在欢庆解放的鞭炮锣鼓声中告别千年尘封岁月，威武雄壮的解放军入城式和解放军所到之处秋毫无犯的严明军纪赢得市民信赖与爱戴。市民恢复平静的生活，汽车、电车与人力黄包车开始在大街小巷出现，城市复苏了！

新中国成立，一个新城市时代开始在欧亚大陆东部的中国出现。

这是一个渴望修复战争创伤、稳定社会安全、建设城市新生活的新时代。随着国家建设事业的逐步展开，城市地位逐渐上升，从首都到直辖市，从省会到县城，以城市复兴、城市改造为基点所展开的有限规模城市建设迎来中国城市的春天。

城市主管高层在治理解放初期城市过程中越来越意识到所有城市复兴、城市改造与城市建设的出发点以及控制线归结到城市的“规矩”——中国古语：不以规矩，不能成方圆。方圆为国家、城市的寓意，而城市的“规矩”究竟是什么呢？

在当时中国的城市高层，大多数干部不知道什么是城市的“规矩”？为什么马路要修成这样？为什么房子要在马路边上建得如此整齐？为什么大街上要分车行道与人行道？工业区究竟应该放在城市哪个区最为合适？怎样确保城市供水供电？贫苦居民棚户区如何改造和更新？城市公园究竟多大规模合适？这些问题迫使城市高层主管开始研究城市“规矩”的秘密。

在北京、上海、广州、长春、武汉、大连这样的大城市，高层主管得到一批前城市治理专家的进言：城市的“规矩”就是城市规划。战后城市复兴的前提首先取决于城市规划，没有城市规划就不可能圆满实现城市战后复兴的宏伟目标。

那么，城市规划从何而来？究竟由谁来制定城市规划？旧中国，除了租界城市的工部局（外国列强殖民者管理城市租界的最高机构）设有负责城市社区规划的分支职能部门外，其他城市（尤其是内地城市）政府普遍没有城市规划的主体技术部门。

新中国成立初期，从中央、中央直辖市到地方城市对于城市规划的概念、定义、政策直到方法几乎一片空白。于是，自上而下的城市相关领导、部门及其主持单位开始将城市规划的期待目光投向前苏联“老大哥”。

20世纪50年代初期，以北京为首的城市开始接受前苏联专家对于城市规划具体工作的指导，从专业内涵到具体工作方法都在起步阶段时就相当程度上受到前苏联专家的影响。显然，当时北京乃至全国城市建立城市规划机制、导入城市规划体系、采用城市规划方法的起点在主流方面可以归结于前苏联的技术援助。

解放初期，作为新中国首都，北京的城市规划与城市建设领先于其他城市。

1953年，中国开始实行第一个五年计划。作为中华人民共和国的首都，各项建设事业迅速发展，迫切需要有一个城市建设的总体规划。

1953年6月下旬北京市成立了由市委秘书长郑天翔亲自主持的规划领导小组，成员为郑天翔、赵鹏飞、曹言行和佟铮四位同志，并组织了一个精干的规划工作班子，在动物园内畅观楼开始进行总体规划的研究编制工作。

在当时我国城建部工作的前苏联专家巴拉金的指导与协助下，规划小组借鉴前苏联城市规划和城市建设的方法与经验，开始投入编制首都城市总体规划工作。小组还讨论研究了当年7月召开的全国各大城市负责同志座谈会上提出的对大城市改建与扩建问题的几条原则：

（1）城市必须是一个紧凑的、有机的、有中心的整体。

（2）城市工业区、住宅区、休养区、铁路、仓库等各部分必须按照便利生产和劳动人民生活的原则，按照经济与卫生的原则作合理分布。

（3）城市人口的分布与文化福利机构的设置，要适应居民的社会主义的集体主义生活方式。

（4）城市的街道既要保证日益发达的交通不受阻碍，又要确保居民有充分的阳光和新鲜空气。

（5）社会主义城市应有相当数量的公园、绿地，并应有适当的河湖水面。

规划小组根据上述原则精神，结合北京市的具体情况，研究分析了有关城市建设的若干重大问题（市政府有关各局的党员负责干部都参加了研究），在都市计划委员会提出的甲、乙两个初步方案的基础上，提出了《改建与扩建北京市规划草案的要点》（以下简称《草案要点》），于1953年11月26日报送了中共中央。《草案要点》包括城市建设的总方针和重要指导原则以及有关的具体规划方案。

《草案要点》阐明了首都建设的总方针："为生产服务，为中央服务，归根到底是为劳动人民服务，从城市建设各方面促进和保证首都劳动人民劳动生产效率和工作效率的提高；根据生产力发展的水平，以最大努力为工厂、机关、学校和居民提供生产、工作、学习、生活、休息的良好条件，以逐步满足首都劳动人民不断增长的物质和文化需要。"

《草案要点》总结了新中国成立以来各方面对北京城市规划的各种看法，根据全国有关会议的精神，提出了城市改建与扩建的6条重要指导原则：

（1）北京是我们伟大祖国的首都，必须以全市的中心区作为中央首脑机关的所在地，使它不但是全市的中心，而且成为全国人民向往的中心。

（2）我们的首都应该成为我国政治、经济和文化的中心。

（3）在改建与扩建首都时，应当从历史形成的城市基础出发，既要保留和发展合乎人民需要的风格和优点，又要打破旧的格局所给予我们的限制和束缚，改造和拆除那些妨碍城市发展的和不适于人民需要的部分，使它成为适应集体主义生活方式的社会主义城市。

（4）对于古代遗留下来的建筑物，我们必须加以区别对待。对他们采取一概否定的态度显然不对；但对古代建筑采取一概保留，甚至使古代建筑束缚我们的发展的观点和做法也是极其错误的，目前的主要倾向是后者。

（5）在改造道路系统时应尽可能从现状出发，但北京的房屋多数是年代较久的平房，因此也不能过多地为现状所限制。

（6）北京缺乏必要的水源，气候干燥，有时又多风沙。在改建与扩建首都时，应采取各种措施，有步骤地改变这种自然条件，并为工业的发展创造有利条件。

《草案要点》对城市性质等根本性问题提出了明确的意见："首都是我国的政治中心、文化中心、科学艺术的中心，同时还应当是也必须是一个大工业城市。”对于城市建设中的现在与将来的关系问题，《草案要点》提出：“现在规划要决定首都长远发展的方向。城市的布局一经形成，即很难改变。因此，我们不但要从我们这一代的需要和可能出发，同时还要考虑到后代发展的需要，给后辈子孙留下发展的余地。”

原国家计委对北京市委上报的这个规划草案进行了研究。于 1954 年 10 月 16 日，向中央提出了审议报告。报告提了四点意见：

（1）赞成“首都应成为我国政治、经济和文化的中心”的提法。对于工业发展则主张“在照顾到国防要求，不使工业过分集中的情况下，在北京适当地、逐步地发展一些冶金工业、轻型的精密的机械制造工业、纺织工业和轻工业”。不赞成北京市提出的“强大的工业基地”的设想。

（2）认为 20 年左右达到人口规模 500 万似乎大了点，改为 400 万人左右较为合适。

（3）认为规划中居住面积定额（每人 9 平方米）偏高，道路红线定得偏宽，绿地河湖水系面积也偏多。这样会增加城市用地，增加管道、桥梁的建设费用，既不经济，也不易实现。

（4）建议北京市可不再设置单独的“文教区”，至少可以不设集中过多学校的大文教区。学校靠近居住区或性质接近的企业，能方便学生接近社会文化，而且，学校的师资设备也可为提高城市职工文化水平服务，同时，学校建筑还可美化城市、节约城市市政建设费用，对学校教职工的生活也有利。

北京市委对《草案要点》作了局部修改，并编制出了《北京市第一期（1954 年—1957 年）城市建设计划要点》和 1954 年建设用地规划。1954 年 10 月 24 日市委将《关于早日审批改建与扩建北京市规划草案的请示》和《北京市第一期（1954 年—1957 年）城市建设计划要点》两个报告上报中央。在请示报告中就城市性质与规模以及城市建设中现在与将来的关系问题作了一些说明。市委认为：

（1）“我们在进行首都的规划时，首先就是从把北京建设成为一个大工业城市的前提出发的”，“在规划草案中，我们首先考虑了工业建设的需要”。从这个前提出发，提出了在 20 年左右的时间内，北京的城市人口可能发展到 500 万的设想。

（2）从考虑后代发展的需要，为后辈子孙留下发展余地的原则出发，市委认为，规定市区范围为 600 平方公里左右，并在其四周留下扩展的余地，把道路和绿地等保留多一些，宽一些，是比较主动的。这样做是否扩大了城市建设的投资，是节约还是浪费，现在还很难说。节约的原则必须通过分期建设计划才能贯彻。

在制定规划草案和第一期计划的过程中，市委曾多次召开扩大会议进行讨论。市政府有关各局的党员负责干部都参加过方案的研究。铁道部、水利部、交通部的几位负责同志也给予了帮助，其中有些同志还直接参加了规划的某些具体工作。为了充分听取群众意见，以便对规划草案作进一步的修改，市委于 1954 年 11 月将全部规划文件，包括给中央的请示报告，刊登在党刊《北京工作》上，在党内广泛征求意见。市委为此专门发出通知，要求全市各区区委、各机关党组以及各基层单位的党组织，认真讨论下发的规划文件，并要求把综合整理后的意见用书面形式报告市委。

《改建与扩建北京市规划草案的要点》是北京市委正式上报中央的第一个北京市城市建设总体规划方案，由于它明确地提出了首都建设的总方针，并对一些主要问题也提出了明确的意见，因此对北京在第一个五年计划期间，进行有组织有计划的城市建设起了重要作用。

1955 年 2 月，中共北京市委成立了专家工作室，市政府成立了都市规划委员会（以下简称规划委员会）。从各条战线调集了一大批专业人才，组成包括城市建设各方人员的工作班子，这是一个由中共北京市委书记处书记（秘书长）郑天翔同志直接领导的单位，一个机构，两块牌子。郑天翔兼城市规划委员会主任，副主任有佟铮、梁思成（专家）、陈明绍（专家）和冯佩之。佟铮同志负责规划委员会的日常工作。同年 4 月，前苏联城市建设 9 人专家组到京，随后又请来了前苏联地下铁道专家组，进一步研究和编制首都建设总体规划方案的工作在市委的直接领导下全面展开。市委书记彭真对进行总体规划的指导思想和一些重大问题，多次主持市委常委会进行讨论并作了重要指示。市委第二书记刘仁经常深入规划工作的现场，就一些重要问题跟同志们反复研究。市委其他领导同志和各方面负责同志对规划工作非常关心，多次听汇报、看模型、提出意见。

中央一直关怀首都建设总体规划。毛主席多次听取彭真同志就规划中一些重大问题的汇报，并就天安门广场的规划作了具体指示。

1956 年 6 月 3 日，周恩来总理在当时担任城市建设部部长的万里和市委领导郑天翔陪同下，亲临城市规划委员会，听取汇报，看了图纸和模型，就一些重大的争论难决的问题作了指示。

刘少奇、朱德、陈云、邓小平、董必武、聂荣臻等中央领导同志在 1956 年 9 月先后参观了总体规划方案的展览，给予指示。对于地铁规划方案，粟裕、杨成武、张爱萍等几位总长、副总长和训练总监部副部长萧克同志等参观了展览，仔细听取汇报，并且给予指示。

规划委员会对北京市的现状，包括人口、城市用地、绿地、动力、河湖水系、供水排水、道路桥梁、交通流量、公共服务设施、学校、工业等进行了大量调查，尽可能汇集了古建筑和地下设施的资料。规划委员会和市计委联合对北京工业作了比较全面的调查，直接间接参加的有六七千人。为了调查公共交通流量及其分布特点，连续多次动员上万人，包括许多中小学生参加；另外还对工程地质、水文地质进行大规模的勘探。为了解决北京的水源和建设水库，规划委员会勘察和研究了黄河、滦河引水的可能性，进一步勘察了京西、京北山区的水源和主要水库库址。关于北京的地震问题，在 1954 年，由著名历史学家范文澜负责，组织了一个包括著名专家参加的小组，详细研究了北京及其附近的地震历史资料，追查了地震遗迹，作了震级估计（"文化大革命"前，北京建设的地震设防问题，是按国家有关规定办理的）。

规划委员会党组在郑天翔直接领导下认真贯彻了中央和市委的方针与原则，在 1957 年总体规划初步方案中，对首都建设的主要问题，提出了以下方针和意见：

（1）关于首都的性质和发展规模

北京是我国的政治中心、文化教育中心、科学技术中心和经济中心。首都的经济支柱是高质量、高技术、多品种的现代化工业和农林牧副渔全面发展的现代化农业。北京市区规划建设用地为 600 平方公里，在规划市区内采取集团式发展方式，即从当时已经形成的分布局面出发，因地制宜，因时制宜，形成若干密切联系又相对隔离的各有特征的建设区。建设区之间保留几块大片菜地和农田，建设林带和森林公园。在市区周围建设卫星镇，采取“子母城”的发展方式。

（2）对古建筑和古迹的方针

对以故宫为主体的一系列古建筑采取坚决保护的政策；对天坛、北海、景山、颐和园等公园，保持原有面积，禁止侵占；对广济寺、雍和宫、清真寺、白云观等采取保护方针。对一部分反映中国庭院规划和建筑艺术的重要王府、四合院也采取保护方针。

（3）对少数古建筑的拆除问题

必须从总体上保护和发展北京城的艺术风格，同时必须坚决进行必要改造，对显然不能适应现代化城市发展和阻碍交通畅通的建筑物要适当加以拆除。方针是：继承、改造和发展相结合。城墙和城门要不要拆除或怎样拆除争议很大，问题也很复杂。在规划总图上对城门楼明确予以保留。城墙封闭了城内外的联系，决定拆除；但对于是全部拆除，还是保留四周的城角，或者是拆到底改建为环形路，还是拆到一定高度改建为立体交叉的高速干道等问题，都需要进一步研究。（因而 1958 年虽有拆墙的指示，研究结果还是暂缓行动。后来在“十年动乱”中，在拆除城墙时，除正阳门、前门箭楼、德胜门外，其余各城门楼均被拆除，古城风姿为之减色。）

（4）关于道路体系的布局

首都的道路系统宜采取棋盘式、放射线、环路三结合的方式。北京的道路大体分为四级：最主要的干道、主要干道、次要干道和支路。

（5）关于天安门广场的规划

除人民大会堂和革命博物馆、历史博物馆外，任何机关团体的建筑设施都不宜建造。关于天安门广场的规模和布局，先后经几十个方案，征求各方面的意见，最后是经毛泽东主席在天安门城楼上对彭真亲自指点确定下来的。

（6）关于水的问题

1953 年规划要点提出："除地下水外，必须充分利用官厅水库蓄水，在三家店、陈各庄一带修建蓄水工程，引永定河水入城，在潮白河上游适当地点修建水库，引潮白河水入城。"1954 年 5 月，官厅水库竣工后，随即制定了引永定河水进城的方案（1957 年 4 月把永定河水引进城来）。1953 年以来，规划小组和规划委员会陆续勘察了潮河、白河、滦河等水系，制定了兴建密云水库，把潮白河水引进来的方案（密云水库于 1960 年 9 月竣工，京密引水渠于 1966 年 4 月完成）。"规划"提出：对引来的水必须采取通盘规划、综合利用、反复利用、保证重点、兼顾城乡的方针。

（7）关于造林绿化的问题

"规划"提出：北京的北面、西南群山环绕，城内外又有不少名胜古迹，这些是绿化首都的优越条件。把西山、北山全部绿化，使它变成首都的绿化城，防御风沙，改善气候，养蓄水源。"规划"还提出：还要在居住区内，普遍开辟小公园；在工业区和住宅区之间建造宽度不同的防护林带；在机关、工厂、学校、医院等的内部和周围，在宅旁、路旁、河旁、高压线走廊、水库周围等一切可以绿化的地方都要绿化起来。植树工作应该在美化城市和经济效益相结合的原则下，合理安排。

（8）关于城市的交通问题

首先是完善开阔的道路系统，其次是地上地下相结合。为解决大城市的交通问题，规划从总体上进行研究，大体采取了类似治水防洪的方针：①“减流”：尽最大可能减少城市客流量；②“截流”：主要是加强新建区域，新建大单位和卫星镇的商业供应、生活服务、文化娱乐设施并提高其水平，尽力避免客流向城市中心集中；③“分流”：除了保持全市性繁华点以外，新建若干繁华点，加强其综合性，尽可能把汇集于少数点的人流分开；④“限流”：采取严格的长期不懈的措施限制首都人口的增加，同时，大力限制首都过量的流动人口。

（9）关于首都建设的艺术形式问题。

“规划”提出：永久性建筑应该适当讲究建筑艺术，把适用、经济和美观结合起来。

（10）关于首都建设的经济问题

主要是城市建设中市政投资的节约和土地的节约问题。执行集中与分散相结合、发展与限制同时并举，在发展的同时，极力限制其规模的方针。这是一个难题，需要在总体上和具体建设上不断研究、解决。

（11）关于城区改建的问题

规划委员会和规划局党组认真贯彻执行市委提出的，改建城区首先要从中心区开始，采取成街成片逐步改建的方针和市政设施坚持统一规划、统一设计，先地下、后地上统一实施的原则。

这次总体规划的制定，坚持了实事求是的思想路线和群众路线。在市委的直接领导下，从系统的调查研究入手，从北京和我国的具体情况出发，把长远的发展战略和当时的实际情况结合起来，把保留历史名城的特色和现代化建设结合起来。这次总体规划，贯彻了中央和市委的精神，就首都建设有关方面的大政方针提出了明确的意见，对争论较多或考虑不成熟的问题暂不决定，在一些重要方面留有余地，尽力避免由于当时的条件或者由于知识经验不足而束缚后人的手脚。在规划过程中，广泛征求了各方面的意见，不断地进行了修改和补充。

在这段规划过程中，存在的主要问题是：① 在进行总体规划时，只注意了总体平面的布局，没有同时研究城区的立体总体布局；② 只作了总体规划，没有同时作分区规划。以上教训，值得认真吸取。

这次总体规划工作历时两年半。北京市都市规划委员会在前苏联城市规划专家组的帮助下，编制了北京城市建设总体规划的初步方案。1957年春基本定稿，市委于1957年3月进行了讨论，并且制定了1958～1962年城市建设纲要。1958年4～6月，北京市城市规划委员会、规划局又根据一年工作的经验作了若干局部的修改和补充。1958 年 6 月 23 日，中共北京市委向中共中央作了关于北京城市规划初步方案的报告。

市委在报告中，将北京城市规划方案中的几个基本问题提请中央批示。

（1）关于首都的性质和发展规模：报告提出：北京不只是我国的政治中心和文化教育中心，而且还应该迅速地把它建设成一个现代化的工业基地和科学技术的中心。根据这个前提，也就决定了首都的发展规模不可能很小。但是，城市过大了也不好，还必须加以控制。为了避免市区的人口过分集中，在城市布局上准备采取“子母城”形式，在发展市区的同时，有计划地发展一批卫星镇。

（2）关于北京的水源：北京是一个缺水的城市。京津两市近期的用水，可以依靠永定河引水计划的完成，以及两三年内实现潮白河引水计划大致解决。将来还需要从滦河引水。为了从根本上解决京津一带的水源，可以考虑引黄河经桑干河入京的方案。

（3）关于城区的改建：虽然新中国成立以来新建房屋已经达到 2100 万平方米，但是城内古老破旧的面貌还没有从根本上得到改变。根据中央和毛泽东主席最近的指示，准备从 1958 年起，有计划地改变这种状况。

（4）关于建筑的层数和标准：几年来，在建楼房还是盖平房的问题上一直争论很多。首都房屋建筑的标准应该分成两类，既立足现在又照顾将来。第一，在北京的中心地区特别是拆了旧房盖新房时，应当建较永久性的建筑，以 4、5 层和 6、7、8 层的楼房为主；在主要街道和重要地区，要建 8、9、10 层的或者更高一点的楼房，而且永久性的建筑标准也不宜过低，并且应该适当讲究建筑艺术，把适用、经济和美观结合起来。第二，为了节省投资和五金材料，需要在适当的地区盖一些完全临时性的简易平房。

（5）关于规划方案的实行：在城市总体规划的编制过程，注意到将学习前苏联先进经验和北京的具体条件相结合；在城市主要课题方面不是照抄前苏联（如马路的宽度、居住区的组织、工业区分布、对待古建筑的态度以及计算城市人口的方法等都与前苏联专家有不同的意见）。但是，在具体规划设计上，在一些技术规范上，教条主义和经验主义的毛病必定不少。今后的任务是：在首都的建设实践中，坚持规划，随时修正错误，补充不足，不断地学习和采用新的经验来丰富和发展这个初步方案。

根据几年来的经验，要做到多快好省地进行城市建设，必须实行“六统”（即统一规划、统一设计、统一投资、统一建设、统一分配、统一管理），而“六统”的关键在于统一投资。今后需要扩大统一投资建设的范围，即除了国防建设、工业建筑及其他特殊性的建设以外，所有住宅、办公用房、高等学校、科学研究机构、中小学校、商业服务业设施等，都可以由市政府根据各方面的需要采取统一投资、统一规划、统一安排和建设。

同年 9 月，中共中央书记处听取了汇报，对北京市的方案原则上加以肯定。

“城市大跃进”号角响彻神州大地，与其说是全国人民对于突如其来的“城市大跃进”表现出高度热情，不如说是带有新鲜感的民众对于“共产主义时代城市生活”的极度渴望与向往。

5.“超英赶美”的“城市大跃进”

1958年5月25日，彭真把载有《发动全民讨论农业四十条》社论的《人民日报》送到中南海菊香书屋。社论提到“跃进”一词，毛泽东当即赞扬说，发明“跃进”这个词的人“其功不在禹下”，并说：“如果要颁发博士头衔的话，我建议第一号博士赠与发明这个伟大口号的那一位（或几位）科学家。”

早在1957年6月26日～7月15日，全国人大一届四次会议在北京举行。周恩来总理在他作的《政府工作报告》中说：1956年的经济建设“采取了跃进的步骤”，使“我国的社会主义建设有了一个跃进的发展”。这应该是在中国共产党和政府的公开文件中首次提出“跃进”一词。

1957年10月27日，《人民日报》发表社论“建设社会主义农村的伟大纲领”，首次提出了“大跃进”的口号。

夏季，席卷全国的“大跃进”风潮起源于河北省的一座海滨城市——北戴河。

顿时，城市几乎所有显眼建筑的一面面空白墙面上出现了一排排用红土与黑色油漆写成的巨幅标语：

“一天等于二十年！”

“十五年超英赶美！”

“鼓足干劲，力争上游，多快好省地建设社会主义！”

“变！”

“实现城市大跃进，提前实现共产主义！”

……

刚从战争创伤或贫穷落后局面中回复元气的新中国城市，借助于系列重工业项目开始带动城市基础设施更新换代，城市建设开始进入按部就班的发展程序，尽管速度较慢，但是却符合各地城市本体运行的客观实际。

突然，“城市大跃进”号角响彻神州大地，与其说是全国人民对于突如其来的“城市大跃进”表现出高度热情，不如说是带有新鲜感的民众对于“共产主义时代城市生活”的极度渴望与向往。

可是，从“城市大跃进”到“共产主义时代城市生活”的基本知识普及却非常有限，一方面是局限于当时媒体的简陋条件，另一方面则是自上而下的“城市盲”。

究竟什么是“共产主义时代城市生活”？许多小学老师对于学生提出的这个问题的回答一直含混不清。

后来，20世纪60年代初期，一部电影《洪湖赤卫队》回答了这个社会民众最为关心的基本问题——在洪湖深处的一片芦苇荡，韩英同志正在和赤卫队员促膝谈心。

一名赤卫队员兴致勃勃地问：“韩英同志，将来共产主义到底是个什么生活？”

韩英非常自信地回答：“同志们，共产主义的生活哇，就是拖拉机耕田，楼上楼下电灯电话。”

……

人们完全相信“城市大跃进”能够尽快地实现共产主义，“人定胜天”的思想已经扎根于民众心底，这是一个创造奇迹的时代，既然农业亩产可以达到“万斤”，为什么“城市大跃进”就不能放“卫星”呢？！

那么，“城市大跃进”所要放的“卫星”是什么呢?

首先是“十五年超英赶美”！这个口号非常鼓舞人心，这就是当时人们争相放出的“卫星”。尤其是年轻一代狂热拥护，觉得在自己有生之年即将可以超英赶美，那是何等伟大的明天！

湖北荆州一位乡下民办小学老教师（新中国成立前私塾先生）向下乡检查工作的县工作组干部斗胆发问：“同志，超英赶美当然是好！可是我始终不知道英国和美国今天究竟发展到什么地步？15年我们赶超英美，人家也在跑啊，赶得上吗？”不久，这位老师遭到批斗，后来才知道他所犯下的滔天罪行是“怀疑大跃进”和“右倾机会主义”。

到底什么是“右倾机会主义”？至少从小学到中学的老师对我们一直没有说清楚这件事。

其实，当时确实有太多中国人并不知道英美的实际情况，尤其是对于普通市民而言，一方面，所接触到的媒体（仅仅是时有时无的有线广播和报纸）几乎从不宣传英美的发达状况；另一方面，则是对我们如何赶超英美更是头绪不清。

有一天，根据上面指示精神，人们终于明白了：中国落后于英美的主要方面就是钢铁产量低。我们中国要赶超英美首先就必须将钢铁产量搞上去。没有钢铁高产量，就没有国家发达的工业化，也就无法赶超英美。

大幅宣传画显示了工业化时代的城市远景——工厂烟囱林立、黑烟滚滚；高楼大厦、车水马龙。房子旁边到处是光秃秃的空地，寸草不生。老师指着宣传画自豪地说，这就是15年后我们超英赶美所实现的共产主义城市远景。而要实现中国人日夜憧憬的美好城市远景，首先只有走“大办钢铁”之路。

于是，一场“大办钢铁运动”在全国城乡蓬勃兴起。

“土法上马、大办钢铁，超英赶美、大放卫星”的巨幅标语遍布城市各个角落。市民欢欣鼓舞，毫不怀疑由“大办钢铁运动”可以实现“城市大跃进”。

市区和郊区凡是可以兴建高炉的地方都可以见到滚滚浓烟，脸上满是黑色烟灰的男男女女尽管被黑烟呛得直咳嗽，但仍然兴高采烈、干劲冲天，大家从心底里感到能为祖国炼出钢铁是一个多么光荣的贡献。

家家户户被广泛地动员起来，凡是可以称得上是金属的各种物品都需要交上去投入高炉炼钢铁。从遗留下来的神龛铜香炉到洗脸用的铜盆，从生锈的铁工具到藏在箱底的旧铜锁；从铁秤砣到锅铲和铁锅，集中到土法上马的高炉旁边堆积如山。当我们想到这些铁器铜器立即就可以进高炉变成钢铁，真为它们感到幸运！

群众运动的力量势不可挡，“大办钢铁”如火如荼。在轰轰烈烈的表面宣传背后，人们以好奇的眼光开始搜索“城市大跃进”所发射的“卫星”。

科学的事实再次提醒人们：钢铁需要到位的技术与设备才可以炼成，赶超英美需要自信，但更需要实事求是的科学技术。不久，土法上马的高炉开始陆续停火，不知是钢还是铁的种种“金属怪物”横七竖八横亘在一处处街角，有的成为儿童游戏场，有的则成为一时可供识别的城市标志性景观雕塑。

城市开始告别烟尘滚滚，天空重现一片湛蓝，街巷似乎又恢复往日熙熙攘攘的平静。

庄稼在田里可以生长与收获，可是这些与土高炉相伴的“钢铁怪物”却似乎要在城市永远地存在下去。市民面对用各家各户生活金属用品而换来的这些“成果”，是何感想？可想而知钢铁离我们是多么遥远！共产主义时代的城市也会是那样遥远吗？

“城市大跃进”时代的城市被编纂入中国城市史上的其中一页。如果认为那是一个充满城市幻想的年代，或许能够客观宽容地解释当时“城市大跃进”的“大办钢铁全民运动”。

进入社会主义时期的中国城市确实非常年轻，既然是年轻，就不可避免地显示出年轻城市“初生牛犊不怕虎”，敢于藐视英美，那是一种国家气概，是一种十分健康的人民精神状态，对于新中国城市建设增强本体自信心确实必要。仅仅基于一种事后设想，如果当时在推进“城市大跃进”过程适当地结合“大办钢铁全民运动”进行炼钢技术科学普及，或许可以造就一大批炼钢企业家。问题原因之一可能就在这里，我们的城市相关技术的科普工作与国家城市发展的速度要求还相差太大距离。我们只是过于相信口号，而没有切实重视对于民众科学知识的实际普及。纵然我们有远大理想和美好愿望，但是，基础条件不够、基本素质不够，却要科学发展城市和实现工业化，显然会出现因人为曲折过程而导致徘徊甚至倒退结局。

原来我们中国人世世代代的故乡都是在农村，几乎很难听到一首吟唱故乡在繁华都市的乐章。

6.农业大国的城乡差别

“我的家在东北松花江上，……”

“张老三，我问你，你的家乡在哪里？我的家在山西，过河还有三百里。……”

“一条大河波浪宽，风吹稻花香两岸。我家就在岸上住，……”

“麦苗儿香来菜花儿黄，毛主席来到了咱农庄。……”

“杏花村里开杏花，儿女正当好年华。……”

“在那桃花盛开的地方，是我可爱的故乡。……”

“洪湖水，浪打浪，洪湖岸边是呀嘛是家乡。……”

“塔里木河，故乡的河。……”

……

无数歌唱家乡、思念故乡的歌曲将我们的情绪与情感带入一望无际的原野、绿树丛中的村庄、小桥流水的古镇、大漠孤烟的戈壁滩。是呀，原来我们中国人世世代代的故乡都是在农村，几乎很难听到一首吟唱故乡在繁华都市的乐章。

只有农村才是中国人生存的故乡家园。

只有到农村去才可以焕发生命的青春。

1966年，史无前例的无产阶级“文化大革命”之火首先在城市点燃，很快蔓延全国。从“农村包围城市”开始革命的毛泽东主席号召广大城市知识青年奔赴农村广阔天地插队落户，谆谆告诫年轻人只有到那里锻炼才可以“反修防修”，目标是要实现消灭城乡差别的创举。

知识青年将有限接触的城市文明生活方式带到农村，天真纯净的心灵深处渴望以知识改变农村的落后面貌，多么希望农村尽快发展到接近城市生活水平——一张张蓝图描绘了农民做梦也想不到的美好前景：村头建一座直通县城的汽车站；村中心建戏院和电影院，将来村民都可以像城里人那样每天去看电影和大戏；山后面建一座水电站，那时家家户户都将安电灯通电话……农民不敢相信自己一辈子还可以过上城里人的生活，因为命中注定永远是乡下人。

其实，当时知识青年的理想和愿望完全符合农村因地制宜发展的潜力，但是在“文化大革命”中，国家大环境和农村状况不可能实现他们的理想蓝图。改变农村落后状况的主导因素并非知识青年的“知识”，而是国家体制与政策。

在世人心目中，城市是“上面”，那里是吃“商品粮”的上等人居住的地方，知识青年回城工作称为“上调”；村里人称城里干部是“上面”派下来的人，村里人如果要进城诉求则称为“上访”。

知识青年从城市到农村称为“下放”，城里干部如果犯了错误去农村也称为“下放”。干部从中央到县、从县到农村去调查研究称为“下基层”或者说是到“下面”去摸底。

通常所说“举国上下”的“上”除了国家上级政府和国家地理方位以外，也具有“城市”与“乡村”的内涵。

总之，中国社会已经习惯于将城乡称为“上下”，这是一种观念上的传统定位，人们以此传统定位划清城乡界限，而且就此不得不承认农业大国的城乡差别。

“文化大革命”开始，革命锋芒直指城市里的“封资修”——

卫生部是“城市老爷卫生部”；

城市被称为是“资产阶级的安乐窝”，是“修正主义的温床”，是“防止和平演变的前哨基地”。在一个充满文化革命火药味的火红年代，城市也是囤积“资产阶级糖衣炮弹”的“危险地带”；

腐朽没落的“靡靡之音”、花枝招展的“奇装异服”，崇洋媚外的“自由化”、蜕化变色的“吃喝玩乐”都只是在城市才会出现；

19世纪中叶后，从沿海城市到内地交通动脉沿线城市陆续出现开始与西方城市“接轨”的价值观念及其生活方式，这是导致城乡过大差别的历史背景因素；而农村远远没有接受到来自西方城市（租界或殖民地）的价值观及其生活方式，甚至仍然固守着几千年遗留下来的价值观念及其生活方式，边远地区甚至仍然停留于刀耕火种的原始社会状态。19世纪40年代至20世纪40年代的百年期间，尽管西方传教士曾经在中国一些乡村借传教途径宣传西方物质文明与城市文明，但是，几乎没有一处乡村从基础设施到建筑空间进入城市生活环境。也正是从19世纪中叶开始，中国城市进入一个划时代的转折点——代表西方城市意识、城市形态、城市生活方式的“洋气”开始进入中国城市。

1842年鸦片战争后，从沿海以及长江流域的“租界”和“殖民地”城市开始，“洋人”、“洋房”、“洋学堂”、“洋钱”、“洋船”、“洋火”（火柴）、“洋线”、“洋布”、“洋灰”（水泥）、“洋枪洋炮”、“西餐”、“西医”、“西洋镜”全面进入中国城市生活，城市居民广泛受到西方城市文化的潜移默化，几乎五代人的生命经历留下来自西方城市文化的印记——城市时尚生活的“西”与“洋”。

可是，农村（尤其是内陆农村）并未像城市（尤其是沿海城市）那样经历几乎五代人的西方城市文化的熏陶，对于城市时尚生活的“西”与“洋”几乎毫无接触，一辈子经历的只是土生土长的完全乡村生活。即使在长江中游湖北省公安县，1949年以前，乡村80岁高龄以上一生没有去过县城的老人几乎达到97.5%。

在农村，父亲时常在餐桌上向孩子们炫耀他这一生曾经到过哪个村、哪个集、哪个镇，还说孩子们长大了只要能够去他曾经到过的那些地方就算是有出息。后来，其中一位孩子上初中地理课时，计算了父亲一生的活动半径原来只不过是围绕故乡方圆30～40公里的地方。这位一生务农的老父亲生前最大的愿望就是去一趟省城武汉看一眼黄鹤楼，可是黄鹤楼还没有建成，这位父亲就去世了。

19世纪中叶到20世纪中叶的100年间，“租界”、“殖民地”城市加速了中国城市化进程（主要是沿海和长江中下游），然而，城市文明对农村的影响与渗透却非常小，甚至为零。中国农村在传宗接代意识、宗族社会组织、耕种收割方式以及饮食起居生活方式方面仍然保持着几千年遗留下来的传统模式。居住在农村的中国人与居住在城市里的中国人相比，在世界见识、科技知识、生活习惯、习俗打扮、待人接物、思维方式、处世态度等方面存在深刻差别。这是数千年来中国农耕社会传统的延续，其中蕴涵中国农业文明的精华沉淀及其特征，同时也伴随封闭局限所导致的愚昧与落后。

1963 年 6 月，长江中游一所村办小学的 18 位同学到区集镇卫生院参加小学毕业身体检查。其中一项检查鼻子的安排是在桌子上摆出四个玻璃瓶，里面盛满汽油、煤油、酱油与醋。结果城里公办小学的毕业生一次检查全部合格，只有这些来自村办小学的毕业班同学没有一位能够闻出哪一瓶是汽油，哪一瓶是酱油。事实上，这些小学生在农村从没有见过汽车，所以根本不知道什么是汽油；家里炒菜都是用自家晒制的豆瓣酱，从没用过什么酱油与醋；晚上孩子们都是在灯草油灯下写作业，从没用过煤油灯，所以也就不知道煤油是什么气味。就这样，全班同学鼻子检查全部不合格！毕不了业也升不了学，这可是一个严重问题！班主任老师是一位被下放到这所村办小学的“右派”老师，如果这 18 个小学毕业生检查身体“全军覆没”，这位“右派”老师只能是“罪上加罪”。于是，班主任老师央求区卫生院院长恩赐再单给一次检查鼻子的机会。院长动了恻隐之心，对这些农村伢表示同情和理解，同意第二天上午复查。当晚，班主任老师亲自逼着全体同学突击闻汽油、煤油、酱油与醋。如果谁闻错，谁的头上就要挨老师的“一棍子”（老师手上就拿着一根竹棍）。同学们轮流上前接受“鼻子检查”，直到汽油、煤油、酱油与醋的气味完全存储到孩子们的嗅觉神经系统，实际上是将四种液体气味“背”下来，第二天复查终于合格——这是 20 世纪 50 ~ 70 年代普遍存在城乡差别的典型一例，农村孩子在先天智力发育方面并不比城里孩子差，只是由于受到农村环境局限而见识少、体验少，另由于接受教育的小学基础条件差，导致许多孩子智力后天开发方面欠缺，或失去完整教育机会，埋没了许多本来可以出现的优秀人才。

直到生长在农村的青年一代开始知道“城里人”与“乡下人”的区别，时常埋怨父母那一代为什么不进城？！参加革命进城不也就出去了吗！要是出生在城里多好！可是，父母说，命中八字注定世世代代就是农村乡下人！乡下人又有什么不好呢？！自古以来，俗话说，“农夫不种田，饿死帝王家。”“黄风吹不倒犁尾巴。”1949 年以后，中国的城市生活开始对农村逐步产生影响力与吸引力，这种来自城市的影响力与吸引力更加使农村人发现城乡差别如此之大！

城里人“洋”，乡下人“土”；城里人“时髦”，乡下人“俗气”；城里人“舒服”，乡下人“吃苦”；城里人“吝啬”，乡下人“大气”；城里人“幸运”，乡下人命中注定一生“脸朝黄土背朝天”；城里人有“城市商品粮户口”，可是农村人却没有像城里人那样由派出所管理的“户口”。

城里男性娶乡卜女性为妻，由十乡下女性进城“户口”长期得不到解决，以至乡下女性尽管已经居住在城市，但却不是正式城市居民，没有选举权和被选举权，没有正式就业权利，只得长期做临时工维持家庭生计。如果某一位年轻的城里男性找到一位乡下女朋友，并山盟海誓执意与乡下女朋友结婚，这会立即成为一个家喻户晓的动人的爱情故事：“高贵的”城市青年爱上一位“乡下的”女青年。这可是一个街区甚至一座城市不大不小的新闻。于是，城市青年的家庭坚决反对这位城市青年找一位农村对象：“城里姑娘有的是，为什么偏偏要找一位乡下女子？！”紧接着就是这位城市青年如何坚持“移风易俗”，如何勇敢地同资产阶级的“世俗观念”作毫不留情的斗争。最终往往是这位城市青年与“保守的”家庭决裂，不顾父母反对，在朋友的帮助下在外面找房子毅然与乡下女青年结婚。直到这位乡下女青年婚后生了一个极其可爱的胖小子，而且这位乡下女青年又是那么质朴、贤惠、标致与勤快，深得左右邻舍的高度评价。还有不少街坊长辈热情帮助这对年轻夫妇的生活。于是，城市青年的父母终于让步了，将儿媳接回家去，全家福天伦之乐的皆大欢喜画面——这就是 20 世纪 50 ~ 80 年代中国一类爱情故事的通常公式情节。

武汉市一些大学教授的孩子在城里参加高考落榜者出人意料，究其原因可以概括为考生对家长的依赖性、城里分心诱惑与刺激因素太多，影响高考复习状态。于是，教授们纷纷将孩子送出城到湖北荆州专区的县办中学，因为那里远离城市，传说考生背水一战封闭复习，一向升学率高。进入县办中学高中毕业班教室，眼前景象果然令人吃惊：黑板上方端正地悬挂着毛泽东主席肖像。肖像左侧墙面悬挂一双闪亮的皮鞋，意味着考上大学将来就可以进城工作穿皮鞋；肖像右侧墙面悬挂一双半旧草鞋，警示同学们如果考不上大学则只有回农村穿草鞋，像父母那样一辈子在农村种地。因为绝大多数同学来自农村，而几乎每一位农村同学都渴望离开农村进入城市，而离开农村的唯一出路是考上大学。同学们奋发读书，夜以继日一心一意刻苦准备高考复习。此情此景使从城里来的插班考生感到震撼，在城里过着优越的生活真是不觉得啊！大学教授的孩子们融入毕业班，受到农村孩子们奋斗精神的鼓舞，专心复习，第二年再次参加高考，终于接到大学录取通知书。

在中国大地上，自从有了城市之后，“城里”“城外”人的身份、生活方式以及生活状况泾渭分明。在一个以农耕文明为主体文明的国家，农村一直是中国人口的主要定居地，也是中国农民春耕秋收、安居乐业的家园。然而，数千年来中国农民的地位一直低于城里人，中国农民所受到历代封建统治者的欺压与剥削程度远远高过城里人。所有历史文献考证结果表明，推动中国古代社会改朝换代的主要动因是一次又一次的“农民起义”，而不是“城里人起义”，历史文献中也几乎未能发现关于“城里人起义”改朝换代的记录。从本质上改变中国农民状况以及逐渐缩小城乡差别的历史现象发生在 20 世纪中叶至 21 世纪初期，可以概括为以下四点：

（1）20 世纪 20 ~ 50 年代，毛泽东和中国共产党将中国农民组织起来形成有燎原之势的燃遍中国大地的革命烈火，以“农村包围城市”的战略靠枪杆子武装成功夺取了政权。建立新中国并主政管理建设新中国城市的一代精英主要是来自农村的农民或农民子弟。作为解放军部队的“农村”子弟兵如此大规模进城在中国历史上为首例，“城市”与“农村”人口如此大规模流动在中国也是史无前例。这是中国城市史上第一次出现“城市”与“农村”文化广泛交流与融合现象，在 20 世纪中叶一个特定时代层面的一定程度上消除了城乡差别的意识、观念以及生活方式差距。

（2）20 世纪 80 年代，邓小平以“改革开放”的伟大战略视野推进农村变革，将土地分给农民，在保留区镇与乡村农村社会组织的基础上，农民获得自主耕种的“解放”，这是中国历史上农业改革的一项具有划时代意义的事件。随后，将近一亿农民进城“打工”谋生，一方面，相当部分称为“农民工”的城市临时居民逐渐转为城市正式居民；另一方面，成千上万的“农民工”将城市的意识、观念、管理、技术以及生活方式带回农村，在潜移默化以及普及层面上进一步缩小了城乡之间在意识、观念、管理、技术以及生活方式方面的差距，这是中国农村接受现代整体城市文明以及技术文明的一项空前进步，从而导致农民整体素质逐步提高，这是中国农业文明的一个历史性转折点。

（3）2005 年，中国政府决定全部免除征收农民农业税，这是中国数千年来农业史上的第一次变革，确实是一次划时代的历史事件。此项变革使得农民在传统农业税收的重重压力下解放出来，在生产方式、产品价值以及生活素质方面从根本上改变了农民的命运。事实上，农民在农村种地的年收入与进城“打工”的年总收入已经基本接近。于是，农民开始回流回乡。而且，正在开始建设“新农村”的科学合理规划所保护与建设的家园在基础设施以及生活环境方面也与城里在缩小差距。农民甚至这样说，城里人的生活也不过如此，我们住在农村的生活水准并不比城里人差！从自来水到看电视，从电灯电话到上下水道，我们都有，进出交通也方便，而且城里还没有我们乡下自然环境好。

（4）2005 年，中国政府开始实现“新农村计划”，组织相关专业体系专家对农村村落、居民点以及集镇全面实现因地制宜规划，总体宗旨体现为：规范居住用地、保护农用耕地，推进科学治理、完善基础设施，弘扬地方文化、立足地方特色。但是，有些地方的“新农村规划与建设”变成走形式、走过场的“一刀切”，结果导致“新农村”的“新”成为类似城市郊区居民社区的翻版，农村的地方特色悄悄地消失，取而代之的是几乎千篇一律的“样板村”。

在中国城市化进程中，昔日农业大国遗留下来的城乡差别不可能在短期内消除，必将维持相当长时间，各地农村地方文化差异、经济状况差异、生活方式差异将会持续存在，这是国家文化的资源及其特征，又是中国发展过程的历史性客观见证。尽管“工业大国”、“城市大国”以及“信息大国”可以成为 21 世纪中国发展的导向标志，但是中国的国家基础将在若干年内保持农业大国的基点，这是符合中国国情的发展战略之一。

消除城乡差别的观念及其口号并不是就可以在国家城市化之路上长驱直入，因为一个国家的城市化程度并不与城乡差别发生实质上对立。一个曾经是以数千年延续的农业文明支撑国民生存的古老中国，不可能也不应该以片面地缩小城乡差别而破坏国家整体性生态资源及其环境。我们应该在保护生态资源及其环境方面进一步确实扩大城乡差别，千万不要让我们的乡村集镇到处受到城市化痕迹的负面破坏性影响，城市就是城市，乡村就是乡村，集镇就是集镇，保持各自特色及其差别才是中国城市化进程的科学发展观。

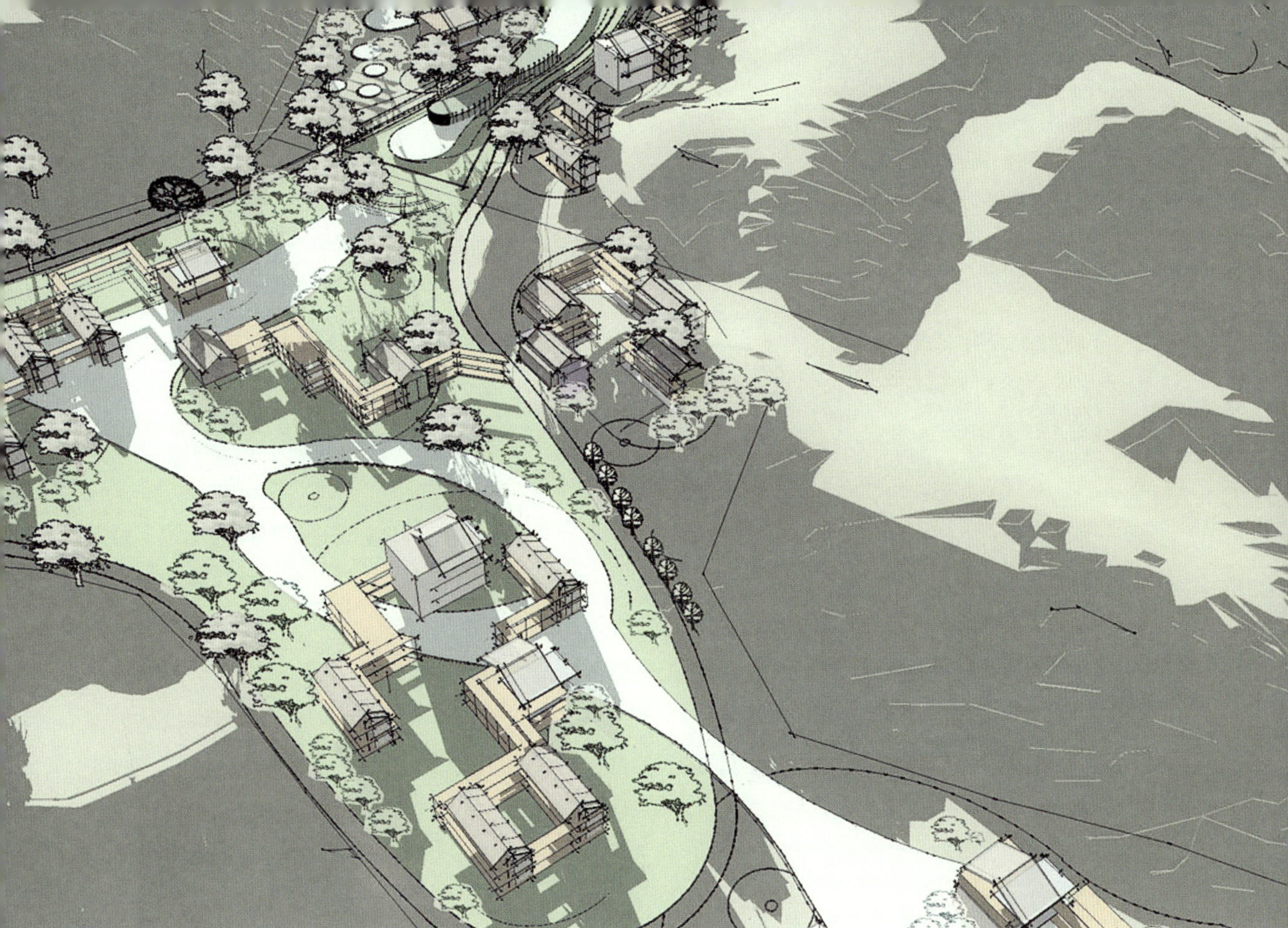

“三线建设”不仅仅在国防战略意义上实现了一系列军工企业的“隐蔽分散式”布局，在国家城市战略方面也促进了地方新兴中小城市的诞生与成长。

7. “三线建设”启动“三线城市化”

第二次世界大战产生了真正的全球冷战。

冷战的主要对手是美国与前苏联。毛泽东主席认为美国与前苏联两个“超级大国”的野心就是争相称霸世界。

20 世纪 50 年代末至 60 年代初，中苏两党之间的意识形态严重分歧以及边界遗留历史争端导致两国之间关系紧张。前苏联在中苏边境陈兵百万，多枚导弹亦对准中国境内系列重要城市。1969 年初春乌苏里江上珍宝岛（前苏联称达曼斯基岛）的军事冲突使得中苏两国政治军事形势更趋恶化，中国奉行防御战略所处于的备战状态逐步升级。

20 世纪 60 年代中期，美国的远东战略部署基点是建立北起韩国，包括日本、关岛、台湾（中国）、菲律宾，南至越南的“星月形”战略包围圈。美国在侵略越南的同时经常派遣飞机与军舰侵犯我国领空领海，台湾海峡局势也一度紧张。

对于极其复杂而尖锐的国际形势，特别是美苏两个“超级大国”对中国的“星月形”战略包围之势，中国政府基于国家防御战略，实行对沿海城市发展进行规模控制，将国防战略地带及其城市带分为“一线”、“二线”与“三线”。基于战略防御的思考，“一线城市”（上海、福州、大连、青岛、广州、厦门等）与国防直接相关或间接相关的企业（包括一些事业单位）向“三线”转移。“三线”包括中国内地的一批省份，多为山区，没有“一线”发达，而且城镇密度很低。

“文化大革命”期间，毛泽东主席提出了关于“三线建设”的三项重要指示：“备战、备荒、为人民”、“靠山近水扎大营”以及“深挖洞、广积粮、不称霸”。当时全国基本建设的重心不是城市建设，而是“三线建设”，所有城市（尤其是一线城市）基本处于平稳状态而保持原地现状，国家计划投资（主要是交通、能源、设备制造与建筑材料）以及国防工程投资主要集中于贵州、四川、陕西、湖北的“三线建设”。

事实上，这一时期的“三线建设”不仅仅在国防战略意义上实现了一系列军工企业的“隐蔽分散式”布局，在国家城市战略方面也促进了地方新兴中小城市的诞生与成长。

湖北省荆门县虽然自古以来乃兵家必争之地，但时至 1967 年，荆门县城仍然是一座充满荆楚乡土风情的小镇。主要街道铺着石板，低矮砖瓦房连片。1968 年，焦枝铁路（从河南焦作到湖北枝城）途经荆门县，仅仅是一个小小的火车站却给这座小小的山区县城带来新的生机。随着焦枝铁路通车，荆门炼油厂、襄沙化工厂（国防）、宏图机械厂（国防）、330 水泥厂以及相关国防研究所环绕荆门县城陆续破土动工，原万余人口的小县城一下急升为几十万人口的中等城市。至 20 世纪 80 年代中期，荆门县城已经初步建成为一座标准中等城市。

与荆门同期同步随“三线建设”成长起来的城市还有：贵州六盘水，四川德阳、绵阳、攀枝花、西昌，湖北襄樊、十堰、丹江口、老河口。在一段国门封闭时期，完全在“自力更生”的“三线建设”过程中造就了一批新兴城市，这是 20 世纪 60 ～ 70 年代中国城市诞生与成长的时代记录。

国家“三线建设”的首位目标是在地处“三线”的山区建设一批国防工程项目，并不是“三线”城镇建设。而历史事实却引申出与“三线工程建设”平行的结局——一批内地（主要是偏僻山区）中小城镇的初步格局形成，带动了这些新兴城镇周边地区贫困乡村的进步，改善了所在偏远山区交通、基础医疗与教育的条件，对于内地城镇化起步以及国家内地城市战略布局产生了先导性影响。

回顾“三线”新兴城镇诞生与成长的历史事实，在20世纪60～70年代“三线建设”以及国家城镇战略、规划理念以及技术进展层面可以归纳出以下要点：

（1）国家“三线建设”战略优先于当时的国家城市发展战略，但是，“三线建设”的历史意义不仅仅局限于国防工程的战略转移，而是在城市化方面开创了内地新兴城镇诞生与成长的新起点，在中国城市史上留下独特一页。

（2）尽管是在“自力更生”（甚至是保密状态）条件下推进“三线建设”，但是落脚点却促进了内地（特别是偏远地区）“城市化”初级阶段的形成——从国防工厂或科研单位的“生活区”逐步扩大延伸至周边乡村，同时由于邻近乡村村民（包括当地复员退伍转业军人）陆续进入工厂工作（多从临时工开始），“生活区”逐渐演变为集镇。不久，集镇升级为小城市，经历二十余年积累，无论是城市人口还是建成区面积均已接近中等城市规模。此类“城市化”案例在世界城市范围内仅为中国所有。

（3）内地原来属于偏僻落后地区，依靠国家计划经济体制的发展进度相当缓慢，一方面地方经济欠发达，导致国家扶贫救济负担沉重；另一方面则是地方教育条件较差，适应地方发展的人力素质跟不上。但是，“三线建设”的企业选址以及厂区突击规划设计至建设往往不是通过地方政府这一条线下来，而是至高无上的国防战略布局体系直接到具体地点，一切为“三线建设”让路，以致“三线建设”到哪里，哪里就是一路绿灯。于是，一系列戏剧性的场面出现了：当地农民世世代代也没有想到一下子村里就通了电灯电话，万万没有想到同一条山沟里居然一下就盖了这么多新房子，做梦也没有想到用本地土特产就可以直接向工厂换来钱，这钱比一年种庄稼的钱来得快来得多……原来地方村长与镇长就是这一带最大的官了，他们骑着自行车在山沟里转来转去就神气得不得了。可现在，工厂里的干部都是小车进小车出，随便出来一个车间主任也比咱村长镇长的官大得多！这下可好啦，地方官再也不像以前那样神气了，对山里农民的态度急转弯，不再耍架子而是乐于与群众打成一片。“三线”工厂成了新思维模式与新生活方式的播种机，尤其是年轻人几乎很快从原来山沟里的“土包子”转眼就变成了与工厂年轻人同样的时髦相。

可见，当年“三线”建设尽管从选址规划到实施设计或许未能进行前期可行性技术论证，从现代工厂总体布局角度评价显然存在一系列不合理因素，譬如分散在山沟里的车间就极度拉长了流水线运输距离，运输成本以及能源消耗都是高代价，但是当时几乎没有谁去计较这些。这些因素对于现代企业经营是不合理的模式，但是，从另一方面看，分散工厂所在地的山沟却孕育了城市化早期的萌芽，传播了时尚而又普及性的城市主义。至少村民开始接触这些来自大城市的工程师、技术员和工人，从他们身上看到城市人是多么体面而又“洋气”，原来山里人并不是有了地、有了牛、有了房子就可以过上好日子，而是要像这些城市人有文化、有技术、有风度，那才是彻底翻身。

（4）随着“三线建设”发展起来的地方小城镇，多数起点已经拥有城镇规划作为建设依据。尽管规划充分考虑到城镇所在地方地理环境、人文环境以及经济环境的实际情况，但是作为规划的基本理念及其方法并未脱离20世纪50～60年代前苏联城市规划体系的条条框框，基本局限是计划经济时代的宏观片面思维导致城镇发展的系列后遗症：主干道普遍过窄，行车日益拥挤；没有预留停车场地，以致无处停车；工厂区与生活区交叉布局混杂，导致居住环境品质日益低下；垃圾处理、能源配套以及支撑服务基础设施不足，城镇健康机能受到系列负面影响。公共绿地不足、树种、花种以及草种缺乏系统规划与培植，以致城镇景观未能形成地方植被特色及其科学规划体系。

（5）20世纪80年代以来，“三线”大型企业出现改制、生产产品改向趋势，主要原因之一是市场机制所致。由于原定国家生产计划纷纷取消或压缩，导致工厂原地或出外（包括国外）寻找出路。随着工厂生产及管理模式逐渐民营化，于是，工厂逐步对外开放，以往“保密”的围墙逐渐解体，厂区开始向周边集镇或乡村蔓延，很快便将厂区与村镇居民区连成整体。随之，集镇规模逐渐扩展，有的地方很快形成小城市规模，县级市、地级市在此基础上陆续涌现。

（6）20世纪90年代末，一些原“三线”大型企业总部纷纷从原“三线”城市迁往同省或同区域大城市，这已成为原“三线”大型企业回流大城市的普遍现象。为什么原“三线”大型企业要回流到大城市？并非国家相关城市政策所致，相当程度是企业上面主管部门以及企业自主决定，其中职工要求改善后代教育环境也是理由之一。原“三线”大型企业事实上是当年原“三线”城市的起源命脉，一旦原“三线”大型企业实行战略转移，对于原所在“三线”城市会带来“产业支柱解体”的危机感。第二汽车制造厂总部正从当年的“三线”城市——湖北十堰迁移到武汉，十堰市上下似乎出现“靠山东去”之兴叹！

第二次世界大战后，一个农业大国以“三线建设”引发并将内地偏僻村镇初步导向“城市化”之路，在世界所有国家实现“城市化”过程之列仅此一例。或许，在“备战、备荒、为人民”的“文化大革命”时代，中国推行“三线建设”战略计划的主要目的是巩固国防、在内地建立国防工业以及国防科研基地，以应对冷战时期“美帝国主义”与“苏联修正主义”对中国所实行的战略包围。或许，国家主管当局并未预测到“三线建设”对内地偏远地区城镇发展的促进及其后续变化——所有“三线”企业（工厂与基地）周边村镇建设加速，以致村变镇、镇转市，原“三线”工厂、基地与村、镇、市逐渐交织成为新的“城镇带”、“城镇群”或“区域性城镇体系”。这是与“三线建设”同步发展的国家“城市化”起步格局，在世界各国“城市化”之列独创一格、自成体系。这是中国国情的特征，也是中国人民的创举。

以“特区模式”激活的珠江三角洲的区域经济体系，可以成为中国区域以及城市经济发展的火车头。

8.“特区”城市风暴

“特区”——“国家特别行政区”。

“经济特区”——享受国家特殊开放政策待遇、拥有特别行政自主权的城市社区。

1980年8月26日，第五届全国人大常委会第十五次会议决定，批准国务院提出在广东省深圳、珠海、汕头和福建省厦门建立经济特区的决定。

1980年国务院提出的《广东省经济特区条例》规定，特区鼓励客商及其公司投资建厂或与我方合资设厂、兴办企业或其他工业，并在税收、金融、土地和劳动工资等方面予以适当的优惠条件。经济特区实行不同于内地的管理体制和企业经营模式。

“深圳经济特区”——在与香港交界的广东省宝安县城区设定一片与广东省辖区隔离的范围，在开放政策、经济体制、文化形态、社会组织、生活方式以及口岸管理方面拥有特别行政权力与运行方式的国家城市行政区。

1950～1980年，“自力更生”成为中国闭关时代或在国际社会被封锁时代的生存及发展战略，也是那个时代中国人民的精神状态与治国决心。在这个时期成长起来的一代人普遍坚定认为“只有社会主义能够救中国”，即使没有国外的援助、没有与国外交流与合作的机会、不采用国外的先进技术，中国人依靠自力更生完全可以活下去，而且能够将国家建设得繁荣富强。

体现改革开放的“经济特区城市”与过去自力更生建设城市是否存在观念上的矛盾？所有关注与思考的焦点集中到一个关键性的历史人物——邓小平。

思想者不由得提出一个基本问题：为什么“经济特区城市”没有在毛泽东时代出现？而恰恰是邓小平在中国南方的一个边陲小镇划了一个“圈”——提出建立“经济特区城市”的战略性思路。

作为一种臆测：邓小平在青年时代曾经去法国留学，在欧洲所经历的工业化时代的体验以及所接受的国际社会熏陶，一种“将中国封闭的城市格局通过对外开放与国际接轨”的思想早已经在邓小平心田播下种子。等到邓小平第三次复出之际，世界经济正以超常速度与规模进入全球化格局，如果此时中国再不挤进国际社会，我们与发达国家之间的差距将会更为加大。

面对世界地图，环顾中国周边的国际环境，发现中国进入国际社会的直接通道只有香港与澳门，而且毗邻香港、澳门的广东省具有极大民营经济发展的潜力，以“特区模式”激活的珠江三角洲的区域经济体系，可以成为中国区域以及城市经济发展的火车头。如果这个“火车头”能够启动并快速运行，将可带动中国经济借助香港、澳门通道走向国际社会，进而加入全球化经济循环体系，这无疑是一项以经济特区推动特区城市化、而又以特区城市化促进国家现代化的远见卓识。

当时，中国内地与沿海（尤其是华南珠江三角洲）经济发展状况存在十分明显的差距，内地城市由于与国际城市之间缺乏交流性接触，而且香港澳门的经济辐射力一时对内地城市仍然显得鞭长莫及，以致内地城市即使与香港、澳门交界的集镇县城比较，在现代城市经营意识以及城市时尚生活方面显然存在系列盲点。

20 世纪 80 年代初，华南珠江三角洲以及东南沿海的社会与经济基础为进入“特区城市”奠定了基础，国际城市社会经由港澳对中国城市产生影响力的辐射面就近直接对准新生的“特区城市”——深圳、珠海，一旦“特区城市”成长起来，在城市规划、城市开发、城市经营方面就可以带动内地一时仍处于封闭状态的城市群落。

从酝酿“特区城市概念”到制定“特区城市政策”，从论证“特区城市模式”到编制“特区城市规划”，从确定“特区城市格局”到实施“特区城市蓝图”的过程相当短暂，可以说当时从“特区城市”理论研究到政策论证的必要前提尚不具备（或不完全具备），一切推进都是“摸石头过河”，所有项目都是要“争速度、抢时间”，顿时，“特区城市风暴”席卷全国。

首先，主持“特区城市”的高层领导班子成员配备并未脱离内地城市高层组织模式，主要成员是从基层提拔起来的工农干部，没有经历“城市规划专业”系统学习，更没有领导“特区城市”建设的经历。大家来自五湖四海，雄心勃勃，共同的“革命目标”就是建设好“特区城市”。至于究竟如何建设好“特区城市”？以何种科学标准来评价“特区城市”建设的“好程度”？城市当权者普遍认为是一个“需要在工作中探索的课题”。

事实上，当时中国不具备以科学发展观以及城市系统工程原理统筹“特区城市”开发的专业干部队伍，尽管绝大多数领导干部来自内地各级机关，但是他们也只是受到内地工作视野和方法的局限，突然要肩负起建立一个全新“特区城市模式”的重担，显然一时力不从心。

尽管中央政府颁布了一系列关于经济特区的特殊政策与措施，但经济特区的平台是城市，而城市就必须具有城市系统工程的目标理念、目标定位、发展战略以及建立新兴城市平台的方法，而这一切对于快速从四面八方调集配备干部所组成的“特区城市”最高决策班子来说简直来不及以足够时间思考与论证，或者说上述系统内涵几乎是一片空白。事实上，以中国一个尚未完全脱离农业文明社会而急速进入工业社会以及信息社会的薄弱城市系统理论基础来对应“特区城市”，前期关于城市系统工程的科学研究与论证程序必不可少，但是，深圳、珠海与厦门显然缺了这一课。

治理一座新兴城市并非仅仅依靠特殊政策与措施，城市是一个生命体，必须拥有自己的灵魂、文脉以及社区组织有机结构体系。当我们重新检索“特区城市”档案，很难发现“特区城市”的灵魂！媒体报道与渲染的“口号”并非城市灵魂，那些醒目大标题往往断章取义或故弄玄虚，真实性或带有冷静思考的城市“新闻”或许在当时很难“出笼”。于是，浮躁掩盖了思想，指标淹没了品质，速度将科学窒息，金钱吞噬了人间真情，一切都凝聚到“大上快上”的开发焦点——“特区城市”的灵魂及其特征似乎就是“时间就是金钱，效率就是生命”。

城市的内涵基点不仅仅局限于“时间就是金钱”，对此的最佳解释应该是“以较短时间获得更多金钱”，进而演变成为在“较短时间”获得“更多金钱与效益”可以不讲城市科学，不顾品质控制，不择一切手段。

从中央到全国各地资金以最快、最通畅渠道流向“特区城市”的投资实验场，绝大多数项目在没有进行前期可行性论证以及完整设计程序的基础上仓促上马。城市新闻媒体对所有新投资项目推波助澜，一批对城市与建筑专业一知半解的新闻记者对“现代化城市”、“新城市规模”、“特区速度”、“投资热土”与“开放窗口”下笔千言，所产生的城市误导比比皆是。其中最为响亮的“城市口号”是“拓荒牛”，从英雄人物王杰、焦裕禄到杨水才，整整两代中国人接受了“革命老黄牛”的精神鼓励与传统教育，事实上这种鼓励与教育已经在我们心目中深深扎根，面对一片荒山野岭的“特区城市”环境，城市最高决策者的首要决策基点是“以革命老黄牛的精神”去拓荒，却忽视了以科学发展观研究城市系统工程，进而以城市规划保护“荒芜”但却具有当地“自然特色”的山山水水，非常令人遗憾的“拓荒行为”是将深圳市区的多座自然山岭炸得面目全非，在空中俯视城区才发现这里居然是一座伤痕累累的城市！

——一个时期城市视野局限所留下的遗憾。

初期的深圳城市规划将城市中心区定位于罗湖区，十年之际，系列“城市病”应运而生，作为深圳主体门户形象的城市中心区地位摇摇晃晃。首先，“停车空间严重不足”成为致命城市内伤。有专家分析，当时批准深圳城市规划的领导人均坐专车上下班，停车只是司机的工作；如果当时那些领导人是自己开车上下班，他们自己东转西转去寻找停车位，想必当时就可能下决心在罗湖区规划中拓展适当的停车空间。

20 世纪 90 年代初期，深圳将城市门户中心区迁移到福田区（福田区原名上埗区因与“上不去”谐音而更名为福田区），从深圳城市发展初期朦胧战略基点评价：转移市中心区对于一座初期规模尚未形成的新城市而言，如果新中心区与原市中心区在关联结构上可以形成协调的逻辑关系，应该可以弥补初期城市规划由于视野局限所导致的预测失误之缺陷。新城市中心区规划完成后，实施主导线索是由美籍华裔建筑师李铭义事务所设计的“市民中心”和日本建筑师黑川纪章所作环境及景观规划设计。黑川纪章的方案从理念到手法并未与深圳这座城市的环境文脉相融合，虽然也从中国传统园林中借用一些元素运用到此项方案中，但也显得牵强与累赘。黑川所谓“共生思想”并不涵盖日本以外的地方环境与空间，尤其是在中国，从社会有识之士到建筑与城市界拥有哲学基础的专家要接受以“大师作品”包装的“共生思想”，其实并非易事。尽管从媒体到主管高层对“外来和尚”一片浮光掠影式的盲目吹捧，但从基于城市文化内涵的专业领域争鸣焦点透视，黑川纪章的方案不具备立足于深圳城市文脉的理论说服力，实施过程的无数争议以及疑惑也已经予以充分见证。

深圳新中心区的会展中心两次选址与设计完全是由于长官意志仓促决策所造成的后果，在经济上所造成的损失无人问津。新的会展中心仅仅从建筑设计理念及技术水准评价，无疑在整体空间构成和动线组织方面相当出色，但是基于城市设计层面分析，从城市公共交通组织到新市中心区景观层次都逐步暴露出系列潜在的不利因素。

至今，福田新市中心区的空间秩序尚未完全形成，但是，已经出现各单位建筑各自为政的非特区城市老调重弹局面，建筑密度过高，建筑群体缺乏整体性控制。从任何一个视角透视，都可以意识到新市中心区景观缺乏整体性与建筑融入建筑群之间的和谐关联性。

深圳市中心区在初期十年之际便大型迁移的结局对全国各地许多城市产生系列联动影响，

“城市主管高层办公楼”迁址重建热以及“新市中心区广场跟风热”一时风靡全国，向“特区城市”看齐的争风攀比增加了各地城市的“新宏伟规划”与“政府新投资计划”。

每一个城市的生命属于城市自己，城市发展模式并不存在模仿或复制，因为城市各自背景与条件完全相异，所谓“学XX、赶XX”或“再造一个XX”的口号缺乏比较科学的精神与方法。其实，深圳不可以模仿，也不能被复制。深圳作为“特区城市”的经济模式只是在深圳这片土地上实验的阶段性结局，一些“经验”与“套路”可以为内地城市参考借鉴，但是不可以照搬。如果某一个城市将自己变成“第二个深圳”，其实就是那个城市自己的悲剧。

“运筹帷幄之中，决胜千里之外”。从战争可以联想到“城市经营”，市长首先必须拥有符合本地城市发展规律的战略构想，在推进城市系统发展过程中才可以逐步实现城市的理想目标。

9.“战术市长”与“战略市长”

中国老百姓习惯于将地方干部称为“父母官”，市长是一市之长，在市民心目中享有崇高的形象地位，市长就是城市居民的“父母官”。

几千年来，儒家文化熏陶世世代代中国人对于官员的向往、遵从与抬举达到至高无上地步，以此形成一种特有的“官民级别文化形态”。在现代城市体制运作过程中，尽管有相当庞大的政府职能机构在连续运行，但是在市民心目中却一直抱有这样一项观念：决定城市发展方向以及制定城市决策的第一人仍然是市长。“市长说了算”——这是政府职能部门公务员的一句口头禅。

进入 20 世纪 90 年代，中国城市市民从以往特别关注“菜篮子”到开始注意本地城市媒体的头条新闻。一方面城市“菜篮子工程”逐步得到解决，市民不会因为生活物资采购不方便而时常发愁，可以腾出时间与精力关心社会公共事业；另一方面，随着城市普及性教育程度逐年提高，市民素质亦整体上升。于是，市民的城市社会公共责任感逐步增强，从“鼻子底下的利益”开始关注城市公共发展及其进展状况。

市长的活动状况就是一座城市公共发展及其进展状况的“晴雨表”，“家门口什么时候开始拆老房子？”“穿过我们这个街区的一条新城市主干道何时开工？”“邻近社区由外商投资的大商业中心已经搁置两年，市长最近又带队去香港招商，这次回来能够将大老板的投资带回来吗？”“街口的那棵百年老樟树千万不要在马路拓宽时被砍掉，这件事应该给市长写封信。”“听说又一条高架路要穿过我们这个街区，为此将会动员我们这里的许多老住户搬家，实在舍不得离开这个地方，真想请个记者写篇文章帮我们呼吁呼吁。”……诸如此类市民所普遍关心的焦点话题，都可以在本地城市媒体的头条新闻中找到答案。

城市头条新闻通常报道市长的动态与动向，于是，市民习惯于由此了解到市长最近在忙些什么重要大事，从而也就知道所居住与工作城市成长脉搏跳动的频率，也可以预测城市在一个时期发展的前景。

从网络、电视到报纸，头条新闻仍然沿袭多年一贯制公式化：

“……市长亲自到开发区为 XX 重点项目开工典礼剪彩”；

“……市长视察 XX 模范小区”；

“……市长会见 XX 投资集团董事长 XXX 先生”；

“……市长到 XX 医院看望勇斗歹徒光荣负伤的 XXX 同志”；

“……曙光街自来水管爆裂，市长亲临第一线指挥抢修”；

“……市长访问欧洲八国凯旋，签订全面经济技术合作意向合同 XX 项，总额达到 XX 亿元”；

“……市长出席房地产界企业家高峰论坛”；

“……市长出席 XX 小姐选美开幕式”；

“……市长亲临郊县农村抗旱第一线指导工作”；

……

在普通市民心目中：市长同志日理万机，是我们城市的第一号大忙人；

刚刚从市政府退休的干部市民则对头条新闻抱有己见：秘书班子为市长安排的日程有时不

尽科学合理，有些活动其实没有必要让市长出面；

拥有城市责任感的学者市民认为：如此头条新闻并未让我们感到市长忙到了点子上！媒体报道太过于对一些具有潜在商业谋略的活动予以表面广告渲染。我们希望市长能有更多时间沉下心来思考城市发展的战略问题。

这是一个公众参与城市管理程度以及城市发展过程事实公开透明化的起步与开端。在信息时代高速进展的城市平台，市民从城市媒体头条新闻对于市长的关注性期待正在转变为对于市长政绩的关注性评价，而关注性评价的基点就是市长在任职期间所作所为的“战略”与“战术”效果。

20世纪80年代以来，随着城市媒体对于城市生活与城市发展过程动态的报道面日益扩大，市民开始关注市长的政绩。短短几年任期结束，当市长调换新的工作岗位或有的市长高升之际，从家庭话题到公共场所的纷纷议论，市民评价之声四起，以下内容为各地报刊和网站话题文摘：

——“X市长这几年确实为我们市民办了好几件实事，这届政府是真正为市民谋福利的政府。”

——“尽管X市长上任以来提出的一系列计划至今还没有实现，但是他的战略眼光却为我们城市今后的健康发展留下了伏笔。”

——“这些年来城市发生了巨大变化，尤其是治理河流与空气污染见到明显成效，这些都要归功于X市长和这一届班子的辛勤工作。”

——“X市长其实是一位学者，考虑问题很有章法，对城市文化脉络把握清晰，这几年城市健康文化氛围逐渐形成。”

——“X市长从外省调来我们城市，几年晃了一下就走了。从我们所直接感受的情况看来，说得多做得少，而且对这里的情况没有熟悉。”

——“只是从报纸电台知道X市长带队整天在国内外考察参观，从来不知道他在任几年究竟为市民做了些什么。”

——“市长的主要工作到底是什么？难道就是每天剪彩，每天接见外宾，每天出席各种会议吗？我们希望听到市长的施政演说，我们也希望市长能到大学发表城市战略发展演讲，更希望与市长就我们所关心的城市规划与城市建设问题面对面对话；但是，这一切却一直没有可能，从媒体所了解到的市长似乎离我们太遥远，心目中的市长仅仅是一种偶像。”

——“我们城市的市长只是‘战术市长’而不是‘战略市长’”。

……

“战术市长”与“战略市长”的区别是什么？

通常而言：“战术市长”步步为营管小事，“战略市长”高瞻远瞩抓大事。

市长的日常工作通常为“小事”，市长的决策工作则为“大事”。

对待“小事”与“大事”的态度以及如何处理“小事”与“大事”之间的关系，从表面上体现出市长的个人风格，从文化内涵上则体现出市长的修养以及战略视野。

基于市长层面的城市工作主要是关于“城市战略”的预测、思考、酝酿、研究直至决策。

“运筹帷幄之中，决胜千里之外”。从战争可以联想到“城市经营”，市长首先必须拥有符合本地城市发展规律的战略构想，在推进城市系统发展过程中才可以逐步实现城市的理想目标。

作为“战略市长”，在主持城市最高决策期间应该是敏于思而慎于行，事关城市民生大事必先运筹帷幄，然后再切实推行。出自“战略市长”关于城市发展战略的构想与计划，有的凝聚于城市发展的主导方针，有的则贯穿于城市总体规划；有的或许是市长的一份工作日程备忘录，有的则可能是一次演讲时迸发出的思想火花；有的是市长对于某项目推进计划的批示要点，有的可能是市长自己撰写的一部著作。上述点滴在岁月积累过程中形成独具特色的城市战略体系，成为城市发展的方略与指南。

涉及城市战略的要点：

1）城市战略思想

思想导向城市战略，思想决定城市战略。

发掘、可延续以及可形成本地城市文脉的城市主导思想体系，其中包括城市传统文化底蕴及其影响力、城市哲学纲要及其可指导性理论体系、城市格局意境及其空间模式的组合秩序、城市美学及其分项与综合构成领域的意识。

2）城市发展目标

近期：10 年之内或 10 ~ 20 年期间（具体时间由城市自行设定），城市各项事业进展程度及其综合效益评价指数。

远期：未来 30 ~ 50 年期间本地城市发展的理想状况。

3）城市品质定位

城市可以被认为是一种人工空间物质构成的“产品”，衡量一切人工空间物质“产品”归结状况的尺度及其标准是“品质”。城市品质包括“空气清洁度”、“饮用水及其景观水体的卫生指标”、“城市人均绿地”、“城市人均居住面积”、“人均拥有文化空间及设施量”、“城市公共交通程度”等。城市在发展过程的各个阶段如何确立上述各项定位？并且需要以量化数据来确立定位。

4）城市系统工程

20 世纪 60 ~ 70 年代，城市由工业社会进入信息社会，早期城市那种单一或片面功能区的边界逐渐模糊，城市传统分项功能不再继续维持各自为政分而治之的状况，而是开始进入拥有交叉以及多重复合功能的综合空间体模式。于是，城市系统工程体系开始出现——多项多类多边城市要素进入一个相互关联、相互牵制、相互促动、相互支撑的多元系统。城市决策者如何发现、如何设计、如何驾驭城市系统，直接影响城市成长的前景。

5）城市治理风格与经营模式

城市生存与发展的杠杆支点是“城市经营”。

“战术市长”与“战略市长”治理城市的风格相异，由此所导致的“城市经营模式”与“城市经营效益”差异非常明显。

“战术市长”几乎不具备“城市经营意识”，理念框架并未脱离计划经济体制框架，关于城市发展的各项事业完全依靠城市税收财政支撑或指望国家财政拨款。管理城市的主观思路与表现通常体现于以下五点：

（1）安于现状、坐享其成，不求有功、但求无过，保住位置、巩固靠山，面面俱到、皆大欢喜。

（2）忽视或无视本地实际与优势条件，盲目借鉴外地城市先进经验，生搬硬套，舍本逐末，畸形发展，城市强项逐渐退化为弱项，城市经济长期萎靡不振。

（3）拘泥于城市一时非主流项目或非主体计划，没有发现或未能抓住带动本地城市长远发展的关键性、实质性以及具有高城市经济能量项目启动的机会，左顾右盼、优柔寡断、徘徊不前。

（4）注重细节，勤勤恳恳、任劳任怨；与世无争、八方平衡、皆大欢喜；诚心关心下级、热心迎送上级；工作虽无宏图大略，短期计划却实施性强、见效益、得人心。

（5）治理城市“口号”空洞、流于形式、大而不当；应付解决城市问题的出台措施局限于短视效益，为取悦上级或掩盖事实的实质后遗症不惜搭建哗众取宠的“形式花架子”，巧留后路、上调升官。

“战略市长”区别于“战术市长”风格的主要基点在于冷静而又敏锐地抓住决定本地城市发展至关重要的“头等大事”——如何维持城市在极端不利条件下健康生存？如何抓住关键契机与国际一流金融、工业发展、旅游、文化艺术组织机构建立联系并尽快进入实质性合作过程，并争取到国际社会对于本地城市发展的支持与资助？如何抓住本地最为有利的潜在发展条件形成领先支柱产业体系？如何在城市文脉方面形成延续性的时代文化经典？总之，这是“战略市长”的基本思维方式。

“战略市长”管理城市的主观思路与表现通常体现于以下方面：

（1）抓住城市发展的“纲”——“上策”之上：对于城市生存与发展极端有利或不利的关键路线。

（2）不流于形式，以充分时间深入实际进行调查，潜心为城市发展大计深谋远虑、运筹帷幄。

（3）与敏锐思维型、真才实学型中青年学者定期接触，真诚交往，虚心听取他们对于城市的意见与建议，敢于否定自己传统或既定思路，自觉追求完整及完善思维模式并推行计划。

（4）知己知彼，研究国内外城市成长过程，从中吸取经验与教训，从而以科学发展观确立本地城市的独特发展途径。逐步形成本地城市拥有生命力的特色，并积累具备区别性的城市实力。

（5）极力捕捉与抓住强力推进本地城市发展并带动区域城市发展的国际契机，诸如奥运会、世界博览会、在世界上具有极大影响力的国际会议、国际旅游节、国际电影节、亚运会等。善于利用各种国际融资渠道实施上述计划。

（6）不被眼前急功近利型项目所诱惑，也不为凑凑合合“过得去”与“差不多”的城市“小康”现状而知足，时时刻刻在立足本地实际思考筹划建立城市健康发展的各类高端平台，注重从城市到建筑的高视野并力排众议义无反顾以低调低姿态推进城市基础设施建设先行。

（7）“马拉松会议”少、小范围自由式讨论多，在畅所欲言过程中碰撞出思想火花。不给无边界、无逻辑、无主题思想苗头定框框，也不给非系统思绪定调，让一切思想火花自由迸放，让所有建议与“点子”在无拘无束的氛围内流淌。市长与下属首先是朋友关系，下属与市长之间无距离与等级感。市长博采各家思想之源流汇集成川，形成城市主导型大智慧、大思路。

（8）强调下属概要性汇报，注重思想，概括要点，鼓励独立思考型不拘一格的简练陈述，忽视繁文缛节，支持立足实际工作的有想象力的计划。

中国城市化进程首先需要一批“战略市长”，治理城市与发展城市绝非从战术入手，立意高端、视野深远的“战略”是首位之首位。一座城市、一位市长如果没有自己的“城市战略体系”，城市发展将会原地徘徊，甚至误入歧途。

6）城市资源管理

土地是城市空间拓展的基本保障资源。在中国，所有土地资源均为国有，没有土地私有化制度。目前国家所推行的“土地租赁制”主要是为了刺激房地产业，任何政府将国有土地以“挂牌招标拍卖”形式转让给房地产项目开发者，均具有法定使用年限。城市主管决策者及决策部门首先必须树立对于本地土地资源的完全掌控意识：

（1）城市土地资源自然以及人工开发现状；

（2）历年城市土地资源流失或扩展指数；

（3）城市土地资源综合系统评价；

（4）城市土地资源扩张趋势预测；

（5）城市土地资源保护与利用模式比较研究；

（6）城市土地资源再生或人工开发效益分析。

水资源是城市的生命线。中国北方城市普遍缺水，即使是沿海城市的淡水资源也并不丰富。南方以及沿海城市城区水体普遍受到不同程度污染。目前，中国城市水资源战略应该是“保护”优于“使用”，立足点必须确保饮用水资源品质达到国际相关标准。一切项目用水必须基于环保法规严格审查把关，杜绝所有水污染因素。

7）城市形象造就

通常而言，城市形象是城市的名片。

城市形象是城市的历史文化资产，也是城市的人文资源。

城市“有形形象”包括城市主体轮廓线、自然山水与名胜古迹、城市中心区与门户社区标志性经典景观、城市主体建筑及其建筑群风格以及城市基础设施代表性构筑物特征。

城市“无形形象”体现为城市要素的表象与隐形集合，自然流露出的人们对于城市生活与工作环境氛围、生活与工作条件的心理感受及其直觉；城市生活风俗、地方语言、市民素质、市民穿戴、公共交通与出租汽车标识、公共交通与出租汽车职员敬业及礼貌程度、路灯形态、民俗小品以及媒体形式。

城市形象形成是城市历史沿革累积过程，由无数历史片断堆砌。市长任期只不过是城市历史长河的瞬间，尽管可以依靠现代技术以及巨额投资计划摧枯拉朽般使城市景观“旧貌变新颜”，但是要进入城市文脉还需要相当长一段时间积淀。具有战略视野的市长并不急于在任期内使城市形象天翻地覆，而是着力在承前启后、承上启下基点上奠立继往开来的基础条件。城市形象是城市大百科全书的封面及其版式，或许若干年内，城市“封面”都不会改变，但是这部大百科全书的内容却处于不断充实过程中。“战略市长”通常不会刻意更换“城市封面”，而是注重保护具有历史连续感的“城市封面”特征，在文字上更加精炼，在内容上更为完整，在风格上力求更为独立和统一。

8）城市环境保护

城市环境通常可由“自然环境”、“人文环境”、“产业环境”、“生活环境”与“职业环境”组成。其中，“自然环境”是城市的“硬盘”。

在城市发展过程中，“自然环境”所面临的选择可概括为“纯粹保护”、“有限保护”、“放弃保护”、“保护性开发”以及“破坏性开发”（多数为决策者观念局限以及体制原因）。在社会原始资本积累阶段，在从“计划经济体制”过渡到“市场经济体制”时期，对于城市自然环境的“纯粹保护”难度很大。一方面，城市主管领导以及管理职能部门缺乏对于城市“自然环境纯粹保护”的意识，究竟纯粹原生自然环境对于城市生态品质的保障性何在？与进入“自然环境”的高利润商业项目比较，纯粹原生“自然环境”几乎不可能产生经济价值，而且保护还需要政府财政补贴。最终导致对于城市原生自然环境的“放弃保护”，结果使得城市形象以及城市生态受到系列负面影响。

城市“自然环境”得到“纯粹保护”，需要城市决策者的战略远见与决断胆识，尤其是对高利润以及“高压力”下的暴利性商业项目予以绝对控制，将此类项目征地范围完全安排于自然区保护范围之外，确保城市自然环境的完整性和纯粹性。

原生性以及景观性“自然环境”只有得到“纯粹保护”才可以体现出其原本的价值。森林、珍贵树木与花草、野生动植物、湿地、芦苇荡、湖泊、山岭、海滩、草原等“自然环境元素”都是城市的宝贵资源，唯一准则是“纯粹保护”。如果城市高层决策以任何其他经济利益理由而破坏“纯粹保护”，所有后果只是使城市遭受无辜劫难。

“人文环境”是城市文化的土壤，也是孕育城市文化并得到认同的特色生活氛围。“人文环境”分为物质型与非物质型两大类：以建筑、城市轮廓线、街道、基础设施构筑物、广告与标识、灯光照明系统属于城市物质型“人文环境”，地方戏曲、民歌、民俗表演、方言、生活风俗、民间交易方式属于非物质型“人文环境”。在城市开发过程中，“人文环境”一旦受到破坏，可以被视为城市文化资源流失，从而导致城市人文生态不平衡、城市素质下降。

进入任何一座新兴城市，我们可以通过对于城市环境的感受来判断“战术市长”与“战略市长”的区别。以中国南方沿海11座新兴城市环境调查结果评价：城市“人文环境”得到尊重与完整保护，多出自“战略市长”的思路与决策。面对一片有城市历史见证价值的老城区，多数市高层领导在极具诱惑力的商业项目压力下都开始动摇：“人文环境效益何在？！只有将商业项目投入才可使城市大发展。”于是，拆迁呼声日益高涨，保护阻力日渐增大。可是，一系列拆迁计划被市长搁置，或许谁也预想不到市长在“××街区拆迁报告”上作出以下批示：“把这片街区留下来，到底应不应该拆？还是让我们的后人去判断吧！”——这就是作为城市高层决策者的战略眼光，我们这一代先将应该保留的有城市人文价值的老街区老建筑保留下来，下一代无疑比我们拥有更高素质，相信他们比我们做得更好。历史往往就是在期待未来的进程中得以延伸，城市“人文环境”也只能是在高瞻远瞩的政治家治理城市期间才能得到完整保护。

9）城市支柱产业

所谓城市“支柱性产业”，可以归纳为主导城市产业体系、以高利润支撑城市主体税收财政结构、产值比重高且就业规模最大的行业。任何一座城市都希望本地拥有高效益的产业基础，如果已经初步建立本地“支柱性产业”体系，城市综合事业发展将会获得足够保障。

工业文明时代的理念认为只有工业（包括重工业与轻工业）才是城市的支柱产业。以往城市发展计划的重心无疑优先列入各类工业项目，主宰城市布局的首位城市功能要素是工业，服务行业、商业以及教育行业在城市主体功能序列上均让位于工业。

进入全球化时代的世界城市格局比以往更为注重城市功能的多元性，并非强调每一座城市都必须建立自己的工业体系才可能拥有本地支柱产业，地方城市功能设置不能照搬大城市或特大城市模式，应该结合本地客观优势潜力及其实际条件各有侧重，逐步形成各自特色。

“战术市长”习惯于去外地参观后将其他城市的“支柱产业项目”套用回来。譬如，A 市开发一座仿古游乐园游客火爆，结果“战术市长”也不惜巨资在本市大兴土木建造仿古游乐园，并宣称一定要将本市新建仿古游乐园变成“城市支柱产业”，结果火爆几日之后迅速冷却，即使门票价一降再降也难以吸引游客，直至入不敷出导致财政赤字而倒闭；B 市建立高新技术开发区逐渐引进项目形势大好，而且 B 市市长接连受到上级表扬，“战术市长”考察之后坐立不安，雷厉风行发展本地更大规模高新技术开发区，结果招商不力，高新技术开发区常年荒芜，就连低技术产业项目也未能按原计划引进。

“战略市长”对于外地城市“经验”在没有消化之前的评价尤为慎重，即使参观考察回来的“报告”与“讲话”也不会渲染那些城市的面面俱到。城市的本体特色是什么？城市如何借鉴与参考人家的经验？我们如何在本地城市发展之路上踩出自己的脚印？本地城市的长处与短处究竟是什么？基于战略视野，在虚心学习外地城市经验的基础上应该怎样确定本地城市的发展方向及其定位——这是“战略市长”的基本思考点。

10）城市文化平台

城市文化是历史文脉与时代思想及生活创造的“城市能量”。

城市文化就是“城市能量”。

创造“城市能量”的主角是市长与城市居民。

城市居民创造城市生活的精神能量在城市文化平台驱动市长经营城市的主导思路。其中，城市文化平台是一种多层次时代文化结构，从一座城市的起源期至现代，城市文化与时俱进或与时衰退。

从国家到地方媒体的一致口径，让我们习惯于城市文化“与时俱进”之说的正面宣传，可是，当提到城市文化“与时衰退”就是否意味着城市发展过程出现“城市病”？其实，任何民族、任何城市在不同时代出现“进步”与“衰退”是正常的文化交错现象，犹如白天与黑夜，狄更斯曾说过一句话：“这是最好的时候，也是最坏的时候。”

从城市经营到城市发展、从城市规划到城市设计，所有城市活动的成就累积形成“城市文化平台”。然而，对于“城市文化平台”结构体系的区别在于“战术市长”与“战略市长”的主导意识——由于城市思考、城市决策、城市规划、城市设计、城市经营、城市管理、城市开发直至城市生活方式是一个极其复杂的系统，因此，对应于城市文化平台的高端思路基点是战略而不是战术。明显现象体现为：“战略市长”以历史的眼光与国际视野透视城市文化平台的结构体系，强调城市文化的沿革原创、地方特色及其相辅相成关联，注重文化的整体感、原生感与文脉延续性，考究本地城市在国家乃至国际范围内的区别性以及差异性，最终趋向于捍卫本地城市文化的尊严。“战术市长”治理城市多从局部入手，对于城市文化仅仅注意片断而往往忽视整体性；疏于城市历史考察而批准“城市假古董”计划大兴土木，或者热衷于笼罩“现代化”光环的项目进入城市自然风景区，进行破坏性开发酿成城市景观千古悲剧。

在一个高速经济发展时期，中国相当数量城市的“城市文化平台”发生倾斜现象，更有甚者“城市文化平台”结构体系已经支离破碎，却无动于衷。湖北古城荆州从“荆沙市”到“荆州市”，城墙多处破口，城内完全“旧貌变新颜”……古城文脉几乎中断，三国古城文化平台究竟往何处倾斜？如果是往“现代”方向倾斜，或许荆州再也不是古城荆州，而是“现代荆州”与“时尚荆州”。

世界上没有任何一个发达国家存在与中国相类似的城市的布局，因而也没有任何一个发达国家城市的现代化模式可以照搬到中国。

10.全球化时代的中国城市战略

1）“发达城市”与“原地城市”并存

“全球化”是现代中国人最敏感而又最容易接受的一个新词。

作为跨国集团公司生产及物流基地的全球布局、文化媒体全球传播、电影产业产品的全球输出、品牌汽车设计与制造的全球流行、可口可乐等饮料的全球热销、卡通游戏产品的全球性痴迷，形成了势不可挡的全球化潮流，广泛冲击了曾经恪守传统价值观以及生活方式的中国人，从封闭走向开放，以速成进展模式将中国社会快速推进到与全球化同步运行的途径。其中的典型与焦点就是我们居住的城市。

城市包含了我们渴望享受的所有现代生活方式。

城市带来了我们关注跟进的所有时尚生活品位。

城市展示了我们梦寐以求的所有前沿生活消费。

城市组合了我们赖以生存的所有居住生活空间。

中国是当今世界最大“城市建设市场”，几乎所有与全球化相关的商业、金融、贸易、制造、物流、文化等跨国产业体系纷纷进入中国，落脚点首选城市。

20世纪80年代以来对中国城市冲击最大的主体因素是作为渗透城市经济基础的“跨国商业形态”。处于由计划经济转入市场经济机制，由国营“大锅饭”转入“个体（公司或个人）原始资本积累”阶段的中国城市，由于本国或本地经济实力一时薄弱，于是给“外资”提供了大量投资与经营机会。据相关调查资料表明：进入中国城市的“外资”并没有将尊重地方城市文脉与保护城市地方特色置于“投资经营计划”的首位，而是普遍将投入产出的“市场赢利”牢牢地放在所有“投资经营计划”的最前列。地方城市官员意识到引进“外资”规模与政绩成正比，上级领导也是将引进“外资”规模以及税收指标作为对地方城市官员考核政绩的标准。至于“外资”项目对所在城市环境是否存在生态污染以及视觉污染，或者说“外资”项目对本地城市特色文化保护及其健康形成是否产生负面影响，前期考察与论证过程并不会重点关注。于是，“外资”首先从广告信息开始进入中国，无论东西南北的中国城市几乎同时被卷入迅猛异常的“外资商业风暴”：

“车到山前必有路，有路必有丰田车”——无数巨大广告牌挡住了各地城市曾经引以自豪的风景线，但又给人们带来一项深沉的思考：在中国，为什么条条道路上都跑着日本制造的汽车？！

“东芝东芝，大家的东芝！”——在多数电视台的黄金时间曾经每天连续播出，年轻一代的心目中深深地埋下“日货”的种子。

“‘宝马’+‘奔驰’是中国成功人士的名片，在我们城市的大街小巷随处可见。”——引自一位中学生作文。一方面说明这个城市的“成功人士”太多，同时也表明这个城市的停车基础设施不足，由此见证“城市规划跟不上城市发展”。

“‘肯德基’与‘麦当劳’，大人小孩不可少。”——一位小学生的自白表明：当今中国人与美国人、欧洲人、澳大利亚人和日本人同时享受美国山姆大叔提供的同一食品。

人们习惯于以上述现象作为评价一座城市国际化程度的标准，似乎一座城市的国际化程度越高，这座城市就越发达，或者说就越是“更早进入全球化城市时代”。

在北方一座特大城市，人们几乎每天在全程堵车的环路上缓慢移动。车窗外路边一幅巨大标语引人注目：XX——进入全球化时代的国际大都市。或许人们会由此产生一种疑惑：难道如此堵车就是全球化时代国际化大都市的特征吗?

不可否认，进入全球化时代的国际大都市拥有与发达国家城市同步先进的城市硬件，人们也可以获得与发达国家城市同步的物质生活享受。可是，这些并非中国人所需要的城市生活的全部，作为城市生活的精神世界，首先体现为“城市文化的认同感”与“城市文化的回归感”。

21 世纪，世界城市之间的竞争力并不是仅仅体现于城市规模（包括土地与人口）、城市经济效益指标及其城市硬件的现代化程度，这只是一系列时时刻刻都在浮动变化的参数。在城市竞争力之上存在一种不可计量的“城市精神”——我们通常所归纳的一项基本概念：城市文化。在一片土地上所沉淀、凝聚并渗透于民族心与血的城市信仰与城市信念。

在一个拥有高度主权的国家，在一个各民族高度团结的国家，城市信仰与城市信念可以超越全球化时代的技术与经济体系及其框架约束。我们不要天真地迷信那些带头鼓吹“全球化城市时代”的国家，不要以为进入全球化时代的城市就可以实现全面现代化，现在确实到了需要我们冷静反思的时刻。

2006 年 10 月 2 日，在美国电视节目中看到一条新闻：加利福尼亚州圣荷塞市的城市道路路面质量糟糕状况被评为全美城市第一。对于许多中国人来说，圣荷塞并不是一个陌生的城市，因为著名的硅谷就在那里。可以说，硅谷是全球化时代高科技的先锋，但是所在地城市的现代化程度不仅不是全球先锋，仅仅城市道路也很难进入全美国现代化城市前列。10 月 5 日，我再次到硅谷实地体验，英特尔、雅虎等一系列高科技企业研发中心建筑群拥有足够的现代品质，轻轨运行也完全有序，但许多路面确实老化失修，一些路边堆积一些莫名其妙的垃圾，与高科技硅谷形象实不相称。这使我考虑到一个基本问题：经济及科技全球化与城市硬件建设会同步吗？或者说，全球化时代城市的现代化标准究竟如何界定?

由此，联想起我在美国经历那些仍然保留着本市本镇地方生活方式的情境，或许在城市硬件方面的现代化程度与发达城市之间存在差距，但是，那里的市镇生活品质并不比发达城市差。以当地居民的意识及其生活状况考察，决定城市形象、城市地位以及城市生活品质的因素并不是所谓进入“全球化时代”的程度，而是对于地方文化的认同感与回归感，形而上的要素是人民的精神状态以及城市信仰与城市信念。

在中国，城市信仰与城市信念一度出现“东高西低”现象：上海浦东被一些媒体炒作成为中国城市现代化的“龙头”与“样板”，也似乎是中国城市进入全球化时代的表率；而内地以及西部城市则是“落后”于上海浦东的“待开发地带”，进入全球化时代还有相当长的距离。

事实上，上述现象正是中国城市化进程中的一项观念倾斜误区。世界上没有任何一个发达国家存在与中国相类似的城市布局，因而也没有任何一个发达国家的城市现代化模式可以照搬到中国。在地域广阔的中国，各地文化与经济存在明显差异，所谓“发展程度”不可能在短时期内获得平衡。地点与系统前提条件决定上海只能是上海模式，上海不可能成为内地以及西部城市现代化的龙头。所有的城市只能是自己“解放”自己，自己的命运掌握在自己手中，走出的是自己的路。

那么，内地以及西部城市究竟是一些什么样的城市呢？以前以“落后”一词界定不够准确，笔者建议定义为“原地城市”。

在中国，“原地城市”通常具有以下特征：

（1）交通不便，远离发达城市，原生自然环境、地道乡土景观、地方生活方式保存完好；

（2）当地居民具有浓厚的地方意识，非常热爱家乡；地方干部治理观念保守，抵制外来文化，坚决保护地方文化特色；

（3）少数民族聚居地，宗教、语言、文字、服饰、风俗、观念以及建筑形制风格沿袭传统。

如此“原地城市”（或城市中的聚落）多在中国内地以及西部存在，这是中国城镇文化的宝贵资源甚至是世界文化遗产。我们应该特别注重保护这些“原地城市”的原生态、原地自然与人工景观以及原地生活方式。为此，建议国家在“开发西部”战略之前宜明确制定“保护西部”战略，此前“开发性破坏”的教训必须吸取。

在全球化时代，中国的“发达城市”与“原地城市”拥有平等并存的地位。如果说某些“发达城市”在全球化过程中丢掉了自己太多的特色及其文化资源，那么“原地城市”应引以为戒，在通信以及某些生活设施硬件方面与全球化接轨，而原地文化、原地特色一定要完全保存。只有这样，在世界城市之林才有一席之地。

2）“城市生活”比“城市口号”更重要

“城市”的概念首先被定义为“居民生活的装置”。

“装置”包括空间、环境、设施——这是构成城市的概括物理因素分类集合；与此同时，概括精神因素——心态、情绪与氛围既得到概括物理因素支撑，又在城市信仰与城市理想层面主宰概括物理因素。

总之，概括物理因素与概括精神因素的有机结合便完全落实到“城市生活”，这是这个星球上所有城市成长与运行的基本规律。

随着全球化时代来临，有的城市似乎再也不是“生活的装置”，而变成了“国际化大都市空间站”：“城市生活”成了城市经济运营的调味剂甚至是“添加剂”，来自全球化的“热点标签”一时成为城市的主题，某种程度上意味着一座城市正是为了某种“标签”而存在。

广州在获得2010年亚运会申办权时，城市主导媒体为广州定义命名而亮出激动人心的口号：“亚运广州”。广州渴望亚运给这座城市带来新生活方式。但有学者建议将“亚运广州”改为“健康广州”，或许“健康”比“亚运”更为切合本城文脉特色的生命力。事实上，“亚运”在广州只是一个瞬间，而“健康”却给广州“城市生活”带来持久保障。

上海近期发展目标是计划在2010年世博会更进一步扩大上海在世界上的“城市影响力”，城市改造以及城市建设的焦点已经集中于黄浦江与苏州河汇合口周边城区，系列“规划”与“口号”表明上海试图以“世博城市”重振上海雄风。而关注性国际评论则认为：一座城市的“雄风”不仅仅体现于经济实力与外表形象，而需要具体落实到“城市生活”的整体性细节。

北京声势浩大的城市复兴计划正在向世界表明 2008“奥运北京”的形象，从城市建设到城市管理的所有细则都集中于“奥运北京”的焦点，与正常“城市生活”相关的条件也都将服从于“奥运会”的统筹调配。在瑞士洛桑“奥运会博物馆”却感到这里的氛围与中国人心目中的“奥运盛会”不太一样，北京是那般火热，可这里却是如此平静！在邻近一处接待中心的交流信息表明：奥运会在哪个城市举行，其实是给那里的“城市生活”赋予运动健康的色彩。

洛桑一段时光使我感悟到：人类在城市的所有活动都必然落实到“城市生活”。北京代表着中国的进步，奥运不仅给北京，给中国带来振兴繁荣的契机，首要基点是给北京，给中国所有城市的“城市生活”赋予运动健康的色彩，带来城市生命的活力。

“亚运会”、“世博会”以及“奥运会”都可以看作是全球化时代增进各国人民交流、促进城市健康发展的良机。广州、上海与北京不仅将为这三个盛会在城市改造与城市建设方面作好充分准备，也期待着在世界上进一步提高自己的形象与地位。然而，城市居民在支持政府实现上述目标的同时，更多更切实际的期待并不是“口号”，而是基于实际“城市生活”的品质——

(1)空气与水质可否接近发达国家城市的标准?

(2)城市环境与建筑的人性化设施可否进一步完善?

(3)渴望改善城市交通堵塞、公共停车空间与基础设施缺乏状况；

(4)城市普及性博物馆、阅览室、艺术交流中心等文化空间与设施逐步完备；

(5)城市普及性体育、健身与保健空间及其设施逐步健全；

(6)城市医疗、康复空间与设施数量及其品质达到市民健康标准；

(7)居住环境品质可否接近发达国家城市的健康标准?

(8)城市无障碍系统规划设计与实施普及程度?

(9)城市公共与居住环境绿化覆盖率以及优良树种普及程度?

(10)城市公共视觉艺术鉴赏与考究装饰的普及程度?

在人类社会进化过程中，通常以“品质”作为基本定位衡量城市文明的程度，而“城市素质”通常以“城市生活品质”作为标志。从城市创意、城市决策、城市规划、城市设计、城市建设、城市经营、城市管理到城市运行的所有细节最终落脚点是“城市生活品质”。总之，人类从远古至今所有在城市平台上的“活动”的全部投影面无不落实到城市生活，而追求与提高城市生活品质的最终目的正是人类文明演进的一级级台阶。

或许是中国本土特有的一种时代城市文化现象，从街头到城市媒体随处可见各类“城市口号”。作为城市政治的象征及其影响力与号召力，“城市口号”可以成为城市在一个特定时期的发展目标到经营管理意识，也可以成为鼓舞市民热爱城市、保护环境、建设家园士气的旗帜。然而，却有相当多的“城市口号”仍未脱离大话套话空话之套路，内容要不就是“拔苗助长”式“快速国际化”，或者就是“不食人间烟火”型“享誉全球”。市民时常感言到：现实离口号太远，口号离生活不近；口号是口号，生活是生活，这是城市的两张“皮”。

1980 年以来，中国的“城市口号”大体上经历了十个阶段：

1980 ～ 1983：“将城市建成改革开放的前沿窗口”；

1983 ～ 1987：“努力奋斗，夺取城市经济体制改革的伟大胜利”；

1987 ～ 1991：“再造一个香港”；

1991 ～ 1992：“再次掀起城市改革开放的新高潮”；

1993 ～ 1997：“将 X X 新区打造成全国城市改革开放的龙头”；

1997 ～ 2000：“誓把我市建成国际化大都市”；

2000 ～ 2003：“加速城市现代化，实现小变、中变到大变”；

2003 ～ 2003：“战胜非典、开拓城市建设新局面”；

2003 ～ 2005：“X X 高新区是享誉全球的投资热土”；

2006 ～至今　“力争我市成为中部崛起的龙头”。

从 20 世纪 80 年代开始，“城市口号”记录了中国城市在改革开放进程中成长的足迹，也是中国城市开放与国际城市“接轨”的编年史标签。这既是中国城市政治走向科学与法制社会的新起点，又可以看作是在世界城市之林特有的中国城市文化现象。从“城市口号”到“口号城市”都可以归类于检索城市文化演变过程的“编码”或“卡片”。在不带有任何学术偏见的前提下解析这些“编码”或“卡片”，可以发现一种表征：“城市口号”成为城市意志与意识的集中宣言或精炼表达，但是，却在城市生命层面上一度不同程度忽视了“城市生活”。

从小人书、小说到电影电视所感受到的潜移默化信息表明：几乎所有“武侠英雄”与革命志士都是不食人间烟火的“烈火金刚”。人们几乎从来不知道发生在沙场、刑场与战场后面关于英雄们在人间的故事，即使有，也被历史学家定为“野史”或“外史”。

“文化大革命”期间，在湖北西部一座山城“三线建设工程”工地上树立着一块大标语牌，上面有一句口号让人记忆犹新：“先生产，后生活！一不怕苦，二不怕死，大战 90 天，完成 7 号工程向总部献礼！”当时，工程技术人员与施工队伍来自全国各地，住在芦席工棚或简易板房，生活条件相当艰苦，但是大家任劳任怨。这些片断不仅仅只是成为那一代人回忆的往事，在工作方法层面其实也影响了主管城市几代人的决策意识：城市建设的政绩首先是生产与经济指标，并不是关于普通与普及性城市生活素质的系列指数，至少在一个时期内如此。

国际上相关健康与卫生组织通常考核与评价一座城市生活品质的标志是长寿比例在中国乃至世界排名第几位（年度统计），与此同时也关注所在城市交通事故发生率在中国乃至世界排名第几位（年度统计），所在城市森林覆盖率居于中国乃至世界城市之林第几位（年度统计），所在城市拥有多少医疗急救中心以及所在城市拥有多少博物馆、音乐厅与公共科普及艺术中心，所在城市儿童艺术与体育中心规模与比例，所在城市高龄者康复空间与设施的普及比例及优化程度……中国城市已经开始进入“生活城市”的初期阶段，甚至在一些城市已经拥有相当“量”的规模，今后的实施重点应该是“质”——这是确保城市生活品质的前提。

21 世纪初，从一些城市媒体所披露的相关新闻了解到：城市从以往一味追求“国际化”

口号的表面文章开始进入注重提高“城市生活品质”的务实层面，不仅仅是工作方法的改进，也是治理城市观念的更新——从改善城市基础设施开始，从城市公园免收门票开始，从65岁以上高龄者免票乘公共汽车开始，从关闭原市中心区（居民密集度高的旧城区）带有污染源的工厂到开放公共体育健身场地；从在城市干道全面铺设盲人导向地面板到居民社区普遍设立便民健身器材及其设施；从建立社区医院普及医疗救护中心到街道高龄者与孕妇休息设施……总之，让城市回归高素质生活，而不是停留于表面口号。

3）“国家城市”先于“国际城市”

20世纪80～90年代，中国城市界出现一系列意识误区：

——“现代化城市”就是“国际城市”；

——“国际城市”必然是“现代化城市”；

——提“地方城市”与“国家城市”不如提“国际城市”响亮，尤其“国际化大都市”才是城市发展的最高目标！

——中国城市发展与国际接轨的第一优化途径是以最快的速度迈向“国际大都市”；

——国外大城市有的我们要有，国外大城市没有的我们也要有！如果说发达国家的城市早已经进入国际化时代，那么我们必须迎头赶上，我们的“国际城市”与国外的“国际城市”平起平坐！

……

为什么中国城市界实现“国际城市”目标的愿望如此迫切如此强烈？难道“国际城市”就是中国城市快速进入世界的唯一通行证吗？回顾可以就此追溯到20世纪60～70年代的“文化大革命”期间，那是一个举国上下“自力更生、奋发图强”的火红年代，“国际化”与“自力更生、奋发图强”几乎无缘，从城市治理到城市建设的根本途径就是“自力更生、奋发图强”，中国城市不可能接受外国对于城市治理到城市建设的“参与”和“援助”，中国的城市主张最终还是中国人自己说了算，因为，对于城市治理到城市建设的政策及其实施计划的决定权不是来自“国际”，而是“国内”。

这是一种国家主权的典型象征。

1949～1979年期间，这种国家主权的典型象征确保了城市自主成长的格局及其沿革，但同时也滋生了“视野狭窄”与“夜郎自大”的封闭意识。就在“文化大革命”十年期间，以城市居民为首的“革命群众”在关起门来“闹革命”的同时，日本以及欧美从工业文明进入到信息文明的城市社会出现了历史性的转折新起点，一系列基于“国际化”平台与城市规划、城市开发、环境保护、城市管理方面的新组织理念、新技术标准体系及其城市新经营模式出现快速进展；然而，对于第二次世界大战后外面城市所发生的一切，正在“自力更生、奋发图强”建设城市的中国革命群众几乎知之甚少！

偶尔可以从新华社主编的《参考信息》中获得发达国家城市进展信息的片断，偶尔在每星期四下午“政治学习”会议上也可以听到几位老知识分子窃窃私语：“日本城市正在大力实施以地铁为主体的城市公共交通捷运计划”，“德国开始实施城市森林计划”，“罗马成功地保护了巴贝里尼广场（Piazza Barberini）及其周边古建筑群”，“洛杉矶建成一座水晶大教堂，外面全是玻璃幕墙”（那时国内还没有玻璃幕墙，我们甚至不知道什么是玻璃幕墙）……如果领导得知这些“奇谈怪论”，便会立即加以批判性纠正：“同志们，不要以大谈资本主义国家城市的资产阶级建筑来贬低我们的社会主义城市！我们自力更生所取得的城市建设的伟大成就巍然屹立在世界东方！”

1968年冬天，因一次工地塌方事故抢险，我们表现出一不怕苦二不怕死的革命精神，顶着冰冷的寒风奋力从塌方埋土中救出四位同志，结果患重感冒高烧三日昏迷。当我在病床上醒过来时，发现几位领导都在病房看着我。我急着要给领导汇报一个灵魂深处最肮脏的思想，领导期待的神情鼓励我说出来。我说：“刚才做了一个梦，不知怎么的到了香港，那里的房子很高、汽车很多，街上花花绿绿，还有许多外国人……”顿时，领导的脸色立即改变：“小张，祖国有那么多城市你不去，可是你做梦都想去香港那种资产阶级纸醉金迷、腐朽没落的地方，这说明你的思想已经受到资产阶级思想的严重腐蚀！出院后立即去上一个星期的学习班吧！”

在“文化大革命”中，城市不仅仅是以国家划分，而是贴上阶级标签：中国城市首先是无产阶级城市，资本主义国家的城市肯定就是“资产阶级城市”，美国的城市是“帝国主义城市”与“资产阶级城市”，而前苏联的城市则成了“修正主义城市”。在我们所接受的思想教育系列，同样对国家与城市要爱憎分明：“资产阶级城市”充满了腐朽、没落、颓废与肮脏的污泥浊水，到处都是灯红酒绿和靡靡之音，所以无产阶级革命接班人要站稳立场，拒腐蚀，永保革命本色。经常在报纸上看到一些新华社驻外记者发回的“资产阶级城市”的传真照片，绝大多数画面都是“敌人一天天烂下去”的末日景象。我们每天生活在自己的城市中，城市视野局限于本地或本国城市的大街小巷，满足于我们自己建立的一种城市生活方式，自觉抵制外国“资产阶级城市”生活方式，划清界限，太太平平。

热爱祖国、热爱祖国的城市是每一个中国人的本分。但是，过去更多的号召是“爱祖国、爱人民”，几乎很少提到“爱城市”。如果进一步反思，城市在国家体系中究竟占据何种地位？城市在中国人心目中又是何种地位呢？在从小学到高中的教科书中，宣传最多、歌颂最多、影响与记忆最深的城市就是首都北京！爱北京就是爱祖国，爱祖国首先必须爱北京。从小学美术课作业到班级墙报报头宣传画，从国庆节表演舞台布景到初中毕业作文的憧憬，几乎都是北京天安门。可以说，20世纪50～70年代，中国中小学生知道的第一个中国城市就是北京，第一座最崇拜的建筑就是北京天安门，第一个最令人向往的地方就是北京天安门广场。至少在整整两代中国人的心目中，“中国城市”的代表形象与概念首先来自北京。是的，北京代表了那个时代中国的解放、进步与繁荣，北京是中国的窗口，也是中国城市的典型标志。

北京集中了中国所有城市最需要的精华，从政策、制度、计划投资、设备分配、规划审批、人才到技术信息，当时的国字计委与国家建委几乎完全控制着全国城市的经济与建设命脉。当时，全国城市（港澳台不在列）发展理念与发展速度几乎同步，城市之间的竞争几乎不存在，也不存在向哪一座城市学习。因为当时只是“工业学大庆，农业学大寨，全国人民学习解放军”。北京除外，几乎没有哪一座城市的地位能与大庆和大寨相比。那时，95％的中国人只知道“大庆油田”，只有5％的人还知道有一个大庆市。

在扶助政策、经济待遇以及人事制度方面，中国当时的城市分为一类、二类、三类、四类，直辖市是一类地区，从户口到工资分配在全国都是最为优越的。在城市体制层面，人们认为北京、上海和天津作为直辖市才是“国家城市”，其余城市都是“地方城市”。大学毕业后如果分配到直辖市工作，从工作性质、生活待遇与分配到“地方城市”或边远地区的大学生存在明显区别。因此，大学生毕业前夕要求分配到边疆（即使是边疆城市）或偏僻山区被认为是最光荣、最有意义的积极表现，而被分配到大城市（即使是直辖市）的大学生几乎没有被认为是光荣的积极分子。

在全国人民心目中，北京甚至很少被认为是一座“城市”，只是国家“中心”、祖国的“心脏”、革命“圣地”。城市被政治化了，城市的地位、形象与主体功能完全凝聚于“政治化”的制高点。因此，那个时期北京的城市功能在主要层面成为团结全国各族人民的同心标志。首都北京的政治功能在一个人口众多、民族众多的国家产生强大的内聚向心力、能够成为转动全国各地建设、生活与国防健康运行的轴心，这种向心力与影响力在世界上独一无二。

北京车公庄有一个“中国建筑技术发展中心”、黄庄则有一个“中国建筑科学研究院”，可当时的国家建委就没有设立“中国城市技术发展中心”或“中国城市科学研究院”，对于城市从发展战略研究到规划基础理论研究几乎是一片空白；与此同时，全国各地城市很难从上面获得有关国外城市战略、城市规划、城市设计、城市技术与城市管理的信息。因为如果眼睛盯着国外城市，则完全可能受到“大洋全”和“洋奴哲学”的批判。由此导致一项基本观念逐步形成：中国城市建设只能是自力更生的产物，没有必要接受国外技术援助。因为国外援助的技术我们通过自力更生都可以做到。

直到1979年，中国开始实行改革开放政策，城市观念与城市体制需要发生相应变化。但是，变化从何处起步？如何控制变化的幅度与尺度？几乎所有城市都陷于茫然之中。当国外城市信息陆续传入，当干部考察团开始出国访问，城市高层人士的思想从一个极度封闭的状态下被解放，首先是视野突然开阔，他们在香港、东京、纽约发现的是一个前所未见、闻所未闻的大千世界：原来世界上还有如此发达如此现代的城市！为什么我们和他们之间距离如此之大？！为什么他们的节奏如此之快？为什么罗湖桥两边的差别如此鲜明？反思即可顿悟：基本原因就在于我们以往曾经过于封闭。

1980年，随着深圳特区开始启动，中国城市改革的帷幕徐徐拉开。所有城市首脑被逼着思考一个迫在眉睫的关键问题：如何乘中央改革开放强劲东风改变所在城市的“落后面貌”？所在城市发展的宏伟目标如何定位？

邓小平同志的一句话深入人心也鼓舞人心：“发展是硬道理。”城市首脑开始意识到：城市不能再靠国家拨款生存，必须设法自谋发展之路，而唯一发展之路是尽快实现所在城市的现代化，通往现代化城市的首要之路就是“国际化”。

于是，建设“国际化城市”一时几乎成为全国70%城市的发展目标。从城市观念到城市政策，从城市体制到城市模式，很多城市首脑认为：摘掉“落后城市”帽子的出路在于实现“国际化城市”发展目标，城市只有“国际化”才是与国际接轨，才可真正走向世界。

特大城市提出的口号起点相当高：为把我市建成为国际大都市而努力奋斗！中等城市的口号显然把握了适当的中间尺度：走城市国际化之路，实现我市现代化！小城市的视野比大中城市显然略窄，所提口号具有一定谨慎度：城市国际化不是大话，城市现代化才是实话！

基于城市决策层主观意识分析，可以理解中国城市从封闭走向开放的过程，求现代化心切，求城市快速发展“政绩”心切。由于强调城市“地方化”被视为“土气”与“落后意识”，突出城市“国际化”可以使城市尽快摆脱“土气”而与“国际接轨”。那么，究竟什么是城市“国际化”的标准？实现“国际化城市”发展目标究竟必须具备哪些基本前提条件？是否每一座城市都需要实现“国际化”？对待这一类基本问题，许多城市高层领导并没有在基本概念方面获得答案。

基于中国国情具体分析，城市普遍提出实现“国际化”目标，在以下基本要点上存在需要进一步商榷的问题：

（1）城市高层领导缺乏在国外留学、游学或研究与工作体验的经历，对国外城市不具备深层、系统的了解，短期访问与考察所得到信息仅仅是表面接触的片断感知，对城市的历史背景、文化脉络、风土人情、国际地位以及经营模式一知半解，甚至一片空白。在如此前提下要使自己所在城市“与国际接轨”，却不知本地城市的“轨道”何在？更不知国外城市的轨道在哪里！即使接上轨，也可能是“错轨”，城市误入“歧途”者比比皆是。

（2）对于城市“现代化形象”及其“现代化标志”普遍存在意识与认识误区：以为将美国城市中心区的高层建筑群照搬到中国城市就是“现代化象征”，只要是美国城市拥有的现代化装置都要照搬到中国城市——立交、玻璃幕墙高层建筑、轻轨、广场等纷纷出现。“香港样板”、“美国模式”成为城市“国际化”与“现代化”的标签，无论为贴上这一类“标签”在城市财政投资上付出多大代价也是在所不惜，因为建设“国际化城市”压倒一切。

（3）“破旧立新”，“不破不立”，“破字当头、立在其中”的观念深深地植根于城市决策层心灵深处，以为“国际化城市”的现代化就是“旧貌变新颜”的城市面貌，为此甚至提出城市实现从“小变”、“中变”到“大变”的目标与相关措施。多数城市视旧城区为“包袱”，甚至认为是实现“国际化城市”现代化的障碍，于是，一方面对旧城区予以大规模拆除，同时又在旧城区兴建大量假古董式“洋房”，有的城市甚至将“洋房”列为“国际化城市”的象征，这是城市保护与开发过程的明显误区。

（4）作为“国际化城市”的硬件指标及其国际上公认的相关系列标准，关于“国际化城市”的地方文化基础条件及其在世界上的可识别性特征，从基本概念到目标定位，相当多城市主管并不明确。盲目性、盲从性以及盲动性导致对一系列城市项目投资的失误决策，或者片面地接受了披着“国际化投资”而实为潜在环境及景观公害性的外资项目。为了急于获得“引进外资”而促进“城市国际化”的政绩，不惜牺牲城市宝贵的自然资源与人文环境，此类教训比比皆是。

实现“国际化城市目标”给一些城市带来了现代化的“变迁”，在一定程度上，“变迁”改变或改善了城市生活方式，提高了城市生活素质。

但是，在另一些层面，有的城市为实现“国际化城市目标”付出了破坏资源的代价，或者城市原生及传统结构被无端摧毁。由于城市观念将“国际化”与“地方化”对立，将先进的城市建设与保护性的城市整治对立，逐步导致“国际化”主宰城市决策、城市规划、城市管理，乃至城市生活的各个层面，“国际化”成为城市中压倒一切的时尚与现代话题！为了验证“国际化”的城市神话，许多城市在“城市形象”、“城市风格”、“城市结构”方面一味向国外某些城市看齐，或者将国外城市的局部甚至某个角落直接“照搬照抄”到本地城市。结果，貌似“洋气”，带来的却是表面“国际化皮毛”，以致东西南北城市大同小异，相异性与区别性日益下降，而相同性与相似性却在逐步上升。

20 世纪 90 年代末开始，一些中国城市高层干部从巴黎、罗马、纽约考察回来，对于国外城市的兴奋度、崇拜度与迷信度不像初次或前些次出国那样高涨，而是转向冷静、理性与独立思考：是否复制照搬巴黎、罗马、纽约模式就是“国际化”？是否一味向巴黎、罗马、纽约“看齐”就是“国际化”？巴黎、罗马、纽约的今天是否就是我们城市的明天？……比较、鉴别以及沉思过后的结论趋向于否定——之所以巴黎、罗马、纽约可以成为国际化城市，首要前提是这些城市牢牢基于“国家城市”的区别性。巴黎坚定地认为，巴黎的存在基础完全是法兰西文化的独立性与独特性，如果没有法兰西文化独立性与独特性的支撑，巴黎就不会是属于法国的城市。无论巴黎闪耀着多么耀眼的“国际化城市”光环，由于“国家城市”文化平台的倾斜，巴黎的“国际化”也将会陷落于无源之水、无本之木的文化空洞。

从一个曾经封闭的国度逐渐进入开放的格局，国家进步的标志之一是国民与干部的视野逐步开阔，尤其是城市高层干部的国际视野比以往任何时期都要扩大与明朗：现在，站在“国际化”的国外城市平台反而开始注重与反思“国家城市”的基点，我们所在城市文化存在的根基到底在哪里？到底是什么？我们所在城市在“国家城市”格局中所处的方位、品位与地位？如果离开了“国家城市”基础而片面地追求“国际化城市目标”，岂不是舍本逐末、本末倒置吗？！

我们的城市一度在“全球化风暴”中迷失了自己的方向，城市之舟甚至被某些外来文化飓风给卷到一片“思维的沙滩上”而搁浅，基本原因之一在于近 25 年来我们所浇铸的“城市文化基础”并不坚固，或者说城市一味追求“上部结构”的经济效益，而忽视了文化基础的“深桩基”与夯实的必要性，以致“国家化风暴”来临，整体“城市结构”要么倾斜，要么裂缝，甚至局部崩塌。只要我们沉下来反思即可以发现：我们的城市面临“全球化时代”的挑战，片面强调“国际化”而忽视“国家基点”，这是一种城市理念以及城市战略上的“误区”。

经历了 1/4 世纪（1980 ~ 2009）城市所追求与经历的“国际化”发展过程，现在，是需要我们重新回到“国家城市”平台的历史性时刻！仅仅需要重新将我们的城市客观实际地回归于“地域城市”与“国家城市”基点，重新回到我们所在城市沿革文化的起点，沿着真正属于我们自己的“城市文化跑道”向前，才会以自己的“国家城市形象”与“城市综合素质”进入世界城市之林。

“国家城市”在国家存在的历史时期是我们获得城市生活的基点，也是我们从“国家”走向“国际”的第一平台。

4）城市形象“国际化”的代价

（1）全球经济一体化，绝非城市形象一体化

从国家一度封闭状态下开放的中国城市，最敏感、最关注、最热衷、最时髦、最向往的发展形象标志就是“国际化”。

因为，“国际化”的对立面是“土气”、“保守的地方主义”以及失去自信的“落后”。城市决策至实施从上到下沉溺于靠“国际化”摘取“地方落后帽子”的宏伟计划，不切实际一味与国外城市的“国际化”攀比，甚至不惜重金投入复制一些“国际化”城市模式。历经 1/4 世纪的城市化快速进展，中国城市形象“国际化”理念、模式、程度及方向受到世界日益关注。

显然，风起云涌的城市形象“国际化”来自全球经济一体化趋势。基于发展中国家的教训，全球一体化经济模式在相当程度上引起了城市形象一体化现象——城市特征无区别性、城市地方特色被“国际化”淹没、城市的可识别性极度降低、城市地方环境文化资源流失、城市地方生活方式及其品质受到“国际化”的系列负面影响。

城市是经济运行的文化载体，城市不能在经济一体化过程中丧失自我存在的信仰、方式及其价值。“国际化”只是全球经济一体化的一种模式，绝非城市现代化的唯一途径。中国地方城市差异很大，应该因地制宜寻求切实成长之路。然而，中国城市却一度进入一些误区。

（2）上海“国际化”：《姨妈的后现代生活》

电影《姨妈的后现代生活》故事发生在上海，提出了人们关注与思考的问题：居于高层建筑间隙的“旧街区”普遍成为城市的“残余空间”，城市的主体乃至主角再也不是传统的街区，而是那些此起彼伏、主宰城市天际线的高楼大厦。基于城市形象的层面，各自为政的高层建筑成为“国际化城市形象”的主导因素；而回到那些小街小巷，感到市民的“后现代”城市生活现实却似乎与“国际化城市形象”脱节——一个“空中上海”和“地面上海”勾勒出两条鲜明的城市风景线。

经济网络的全球化时代出现的文化冲突首先落脚于城市。上海实现国际化城市的目标已经相当规模体现于城市形象：高层建筑群集中代表社会集团实力标志在城市层面的投影，经济的利益象征性、扩张性及影响力与城市规划及其城市建筑美学价值观普遍发生“冲突”；但是，在“城市国际化”的目标面前，经济效益所驱动的“争夺城市制高点开发模式”几乎是一路绿灯，以高位优先权冲破城市规划及其城市机制的条件约束，进而获得立足之地便快速拔地而起。

“争夺城市制高点开发模式”所导致的“冲突”集中体现于建筑与城市的形象，可以发现建筑与城市的“脱节”现象：高层建筑仿佛是漂浮于海面（旧城区）的一座座孤岛，各自为政、各显神通，过于强调建筑的单体形象特征，却在城市轮廓线或社区景观层面失去关联性以及必要的空间协调感。每一座单体如此精彩，足以体现建筑师匠心独运的设计水准。但是将这些光彩夺目的单体建筑置于城市地平线上透视，在任何一个角度都很难感受到其基于“城市层面”的整体性及彼此“对话”的认同意识。

19 世纪中叶开埠至 20 世纪中叶 100 年租界城市的沿革，为上海跃入国际化城市平台建立了优于中国其他城市的历史前提条件。上海开埠以后，当地的传统建筑对初期城市形象未能形成本土影响力及约束力；19 世纪末叶至 20 世纪初，中国建筑师致力于民族建筑复兴创作，也未能主导上海建筑潮流；1949 ~ 1979 年，上海所有的新建筑均为本土建筑师自力更生自主创作，没有出现一座所谓模仿欧陆风格的建筑，保存了上海形象的自主独立性；20 世纪 90 年代开始奔向国际化大都市目标，上海却为“国际化”形象付出了相当沉重的代价。

上海的国际化城市形象体现出二元性：现代高层建筑与城市原社区在尺度及风格上的鲜明对比，一些“鲜明对比”导致城市形象失去和谐整体感，失去亲近的人性尊严，失去社区历史与文化的视觉记忆。于是，上海形象出现两张“城市皮”，原社区的街巷成为城市底层切割分散性单元，而现代高层建筑犹如动物园长颈鹿、斑马、仙鹤、狮子等在东张西望！

和谐社会需要城市景观和谐。上海国际化城市形象给人的感受更多的是丰富、烂漫、生动、个性标志的过剩，如果蕴涵适当的“城市秩序”，或许上海国际化城市形象会更为和谐，更加体现出上海的尊严。

期待融于上海城市文化的城市形象更加切实注重“地方性”。上海并非一座失去“地方性”的空泛国际化城市。任何一座城市如果不具备“地方化”的文脉及其沿“地方化”之路成长的基点，所谓城市的“国际化”往往是无源之水、无本之木。城市形象的“地方化”是城市“国际化”的前提；城市只有建立牢固的“地方化”基础，才能在国际化城市之林拥有自己的一席之地。

（3）北京“国际化”：失去古城“和谐”的记忆

北京在全面实现“国际化”前夕的城市形象特征就是“和谐”。砖灰色的城墙沉淀了历史“和谐”的恢弘，6000 多条胡同（至今尚存 1000 余条）谱写成古城世世代代生活的“和谐”乐章。北京拥有世界古都伟大而又独特的“和谐”气质，这正是人类四大文明之一的中华文明的体现。

古城北京形象的第一美感是“和谐”。正是这种伟大的“和谐”使马可波罗为之折服，并通过其游记让整个欧洲在北京面前肃然起敬！北京的“和谐”影响了费城及世界城市规划思想；北京的“和谐”也使得当年“八国联军”嫉妒万分，只是在历史的侥幸机遇中得以避过毁之一炬。

现在到了可以开始评价北京“国际化”形象的历史性时刻，标志着这个时代准现代主义及其风格的新建筑分布于京城四处，但更多的感受是被切割或分割的城市片断，其实这座城市多么需要整体和谐感啊。

城市形象的首要美学基准是“整体和谐基调”——巴黎的灰橄榄绿、威尼斯深沉的橘红、罗马的灰褐、奥斯陆的灰蓝、纽约的灰棕榈、东柏林基于柏林墙的暖灰、巴西利亚的乳白、波士顿的砖红……融于北京城市文脉深邃的“砖灰色基调”体现出古城形象的“整体和谐感”。穿行于北京大街小巷，发现只有一座现代建筑谦逊真诚地融入这座古城的“整体和谐基调”——澳大利亚驻华大使馆。

从长安街到东西二环，从朝阳区 CBD 到边缘地带新区，闪耀着“国际化”标签的新建筑单体设计都是那么精彩，但是却失去了古都北京形象的“整体和谐感”。由于每一座新建筑都是那样过于强调与标榜自我，所以基于城市关联的群体形象协调性更加需要城市设计的整体控制。

北京的“国际化”带来了许许多多新建筑，但古城形象的踪影及其记忆是否正随着新建筑而逐渐淡化或被淡忘呢？或许这是中国乃至世界所关注的一个重要问题。

（4）广州“国际化”：香港化后的“逆香港化”

中国城市历史上第一个“国际化”社区——沙面在广州出现。

尽管沙面的历史建筑体现出更多异国风格，但却在整体上融入广州“国际化”城市环境。至今，沙面仍然是广州“国际化”城市形象的窗口，在历史层面成为中国最早开放口岸进入国际商务圈的见证。

1665 年，法国学者绘制了广州历史上第一幅城市规划图：广州城墙得到完全保存，城内街道尽管采用了欧洲格子状规划模式，但与山水结合处都保留了广州地方特色。由此可见，17 世纪的法国人对于广州城市规划见解尽管带来当时欧洲的“国际化”影响，但在主体理念上却首先保存了古老的广州城。

19 世纪中叶，香港沦为“殖民地”，而作为当时“国际化”的城市，其生活方式、建筑形制、官方中文均来自广州。至 20 世纪 80 年代，广州的“国际化”却开始一味复制“香港化”：从新建筑风格到切割传统街区的高架路，从楼盘小区到城市时尚生活习惯几乎处处都留下“香港化”痕迹。结果，广州的“国际化”逐渐被“香港化”覆盖，城市形象甚至一度成为第二香港的象征。

20 世纪 90 年代后期，广州开始走出城市形象“香港化”的误区，城市战略明显侧重于广州的“国际化”首先是“广州化”思路，从规划至城市设计开始摆脱“香港化”的无形束缚，一个拥有本地本体城市形象的真实广州正在浮出华南地平线。

第二次世界大战后，世界城市几乎普遍受到“国际化”的挑战，发展中国家的城市形象普遍被“国际化”抹去地方特征及本体特色，而发达国家的城市却更为理性、更为冷静地在“国际化”全球旋风中保存了自己的形象：罗马将“国际化”建筑甩到城市边缘地带，中心区完整地保存了古罗马形象；巴黎将“国际化”建筑集中在德方斯，老城区尽可能保存传统巴黎形象；即使是战后重建的东京也将“国际化”的高层建筑集中于新宿。城市高度“国际化”的美国，高层建筑主要集中于市中心，作为居住生活社区及传统街区，竭力保持地方形象特征。

中国城市形象极其需要的并非“国际化”的一体化，而应该是先于“国际化”的地方特征及本体特色。

5）香港：一国两制城市体系

1997年香港回归，标志着中国城市史上一个“一国两制”城市时代开始。

即使在世界城市史上，类似香港所进入的“一国两制”城市时代也属于独特一例。基于中国国情，香港进入“一国两制”城市平台所产生的国际性影响力在世界上具有鲜明的特色。

20世纪末叶中国实现改革开放以来近1/4世纪的时光，“香港风”纵横祖国大地：将香港作为本地城市“现代化的样板”加以全面复制模仿；城市的国际化首先是“港化”；“香港的今天就是本地城市的明天”……当我们反思全国城市经历“ 香港模式”洗礼之后的状况，或许更需要重新回到“一国两制”城市平台回顾香港、审视香港与研究香港。

（1）国际化

城市的“国际化”归纳为城市得到国际社会及各专业学界综合认可的程度；是一座城市历史背景、沿革及其所积累形成的综合素质达到国际城市相应水准的系统体现。

19世纪中叶，鸦片战争结束，香港沦为英国殖民地。关于香港从一个荒岛起步的开发直至未来的“城市定位”，在当时一批非法占领香港的英国殖民者中出现不同意见：军人主张将香港辟建为“大英帝国在远东最大的军港”，以此基地保护英国海外臣民在亚洲的安全及其利益；而作为进驻香港岛的英国远东远征军司令璞鼎查却认为“香港应该是一座国际自由贸易港城”。结果，璞鼎查的此项动议获得当时英国维多利亚女皇批准。

香港自1842年开埠以来一直维持“国际自由贸易港城”模式，不同历史阶段的城市战略、城市规划以及城市建设完全朝着“国际自由贸易港城”目标推进。尤其是第二次世界大战后，香港紧紧抓住战后国际经济秩序重建、世界经济全面复苏以及亚洲“四小龙”经济崛起的良机，在国际金融、国际贸易、国际旅游、国际商务交流、国际物流领域大踏步发展并获得举世瞩目的成就，在世界上稳固地确立了“国际化城市”地位及其形象。

香港实现城市“国际化”的基点首先是建立从城市战略→城市规划→城市设计→城市管理→建筑设计→环境配置的完善体制及体系。沿袭英国城市的传统制度并结合本地实际，经历150余年的探索及逐步完善过程，香港政府相关职能部门形成了以“城市规划＋城市监控＋城市设计＋城市经营＋城市实施”为主导体制的国际化城市运行模式。即使是在香港回归中国之后，基于国际化城市运行模式的城市体系也得到全面保护与保存，成为“一国两制”城市体系的历史见证。

电影作为香港的国际文化创意产业早在20世纪50年代就已经开始建立。一座城市进入国际化环境的生存能量其实并不完全局限于硬件资源，香港与美国、印度、日本及欧洲一些国家比较，在电影产业的基础资源方面确实相当欠缺；但是，香港却找到了一条“城市电影文化创意产业”（1997回归之前并不是国家型电影产业）发展之路，一批批作品在国际上产生影响力并赢得国际化电影市场效益，李小龙、吴宇森、成龙、梁家辉、张曼玉、周润发等导演和影星为香港赢得国际性传奇及美好形象。

作为国际化自由贸易港，世界各地的银行、国际产业信息中介机构、国际资本运作财团以及各国贸易集团公司在香港都注册建立了分部，每年创下世界最高贸易额；香港拥有世界最大规模的现代化海运集装箱码头，年吞吐量一直居于世界最大港口前列；同时，香港成为环球旅游邮轮必经之路停泊港，蒸蒸日上的国际化旅游产业使香港成为吸引世界游客的东方魔力之都。

“国际金融”与“国际旅游”作为香港的两项国际化产业支柱对城市规划及其开发模式产生直接影响：与建筑空间配套的基础设施先行，以填海拓展城市人工地盘，以海陆空立体全方位交通系统为“国际金融”与“国际旅游”产业提供完整支撑配套，将捷运车站、客运码头、星级酒店、购物中心、休闲度假、与空港及各口岸交通节点组成城市级便捷动线网络，综合素质评价居于世界前列。

香港赤蜡角空港的建设硬件与服务软件全方位进入国际一流水准，与香港国际化大都市形象完全相称。香港成功地将空运、海运、陆运以及城市公共交通有机地组成高效益便捷安全网络系统，来自世界各地的任何一位游客都会感到在香港进出非常方便。

（2）地方化

香港是一座具有多元文化层次的城市，在中环可以欣赏世界最为现代的高层建筑，而在新界却可以发现仍然沉浸于准地方乡土气息的围村；就在沙田新城高层公寓的间隙地带，郁郁葱葱的榕树林间居然完整地保存下来一座300多年前的民居——曾家大屋，中堂供奉着曾家祖先的牌位。

城市的存在意识以及存在感取决于城市“地方化”的程度。无疑，城市首先是“地方化”的历史见证，“地方化”可以被认为是城市的“根”，也可以成为城市诞生的源头。

任何一座城市如果不具备“地方化”的文脉及其沿“地方化”之路成长的基点，所谓城市的“国际化”往往是无源之水、无本之木。在此，基于研究香港的过程可以建立这样一项结论性见解：城市的“地方化”是城市“国际化”的前提；城市只有建立牢固的“地方化”基础，才能在国际化城市之林拥有自己的一席之地。

香港许多城市道路以殖民地时代的总督名及地方典故命名，至今得以保存，成为这座城市博物馆“地方化”的特色。

殖民地时代的“圣约翰教堂”、“三军司令官邸”、“总督府”、“法国总会”、“香港会所”、“立法院”与“皇后像广场”等建筑及场所均立法在中环一带予以保存，为后人留下香港历史“地方化”的见证。

香港因地制宜以自成体系的规划设计及社区开发模式成功地解决了高密度人口居住社会难题。香港各类极具本体特色的“新城”、“花园”与“小区”形成香港一道道本地风景线，在世界特大城市之列走出一条独具香港地方格局的高密度生态＋商业＋文化＋居住复合功能性社区之路。

一批香港地方歌手的“演唱文化”广泛地传播并影响了中国内地、东南亚以及全球华人世界。这种独特的“香港文化现象”出现及存在的意义远远超出其商业价值，而成为香港文化捍卫“地方化”的历史档案。

从铜锣湾的文武庙到九龙“黄大仙”，从长洲岛的老渔村到文咸东街的大碗茶，从兰桂坊石砌台阶到卜公码头的渡轮铃铛声，从香港仔的橘红色帆影到跑马地的小街小巷，一个个饱含地方历史生活风情的城市故事向我们翻开香港过去的一页又一页，此时此地你会发现另一个地方化土生土长的香港，与珠光宝气、雍容浮华的国际化香港的对应是那么强烈！但这也正是“地方化”与“国际化”在香港和谐共存的独特风景！几乎所有在香港成长的居民都会说：这就是我们的香港！

有些城市在效仿香港“国际化”过程中却忽视了保护与保存本地的“地方化”，甚至认为城市的“国际化”与“地方化”自相矛盾。结果一味的“国际化”却导致“港化”的雷同与空洞，没有“地方化”城市文化支撑，失去城市特色的区别性与差异性，城市形象及其城市地位受到战略性负面影响。

香港基于“一国两制”的城市地位，一向主张内地城市坚守地方文脉，不必盲目复制香港模式。香港的社会及城市与建筑学界媒体一直坚持鼓励内地城市寻求健康及优化的发展模式：文化软件立足地方化，配套硬件进入国际化。“一国两制”不仅仅是城市政治体制的区别，也必然形成城市思路、城市体系、城市模式、城市风格、城市特征的区别。

（3）现代化

城市“现代化”是城市发展的时间线性趋势。

任何时代的“现代化”只不过是城市历史长河的一个“片断”。

20 世纪 80 年代中国改革开放首先标志着城市迈出“现代化”步伐。然而，城市“现代化”之路的目标何在？体现城市“现代化”的综合素质如何定位？怎样才能建设好具有中国特色的“现代化城市”？这些问题很快就在香港找到了答案。

香港以其在国际上位于前列的现代化城市的地位与优势为内地城市推进“现代化”提供了先进的理念、方法、信息、技术、人才及其国际系统交流平台，尤其是在投资以及城市项目管理运营方面作出巨大贡献。

基于“一国两制”城市体制，香港为适应与内地城市进行交流及合作，在与边界深圳等地的城市项目合作过程中对实施规则、运行模式及其管理体制作出相应调整，逐步探索香港与内地在城市规划至城市实施层面的切实交流合作途径。

19 世纪中叶以来，香港所经历的任何一个城市发展阶段都没有与国际先进城市文化及技术脱轨，成功地消化了发达国家城市现代化经验，并结合本地实际探索出一条独特的“香港现代化”之路，创立了国际化城市现代化的奇迹。在与内地城市交流过程中，香港坦诚地将城市“现代化”进程的经验与教训予以全方位介绍，以香港主流媒体的基调而言：内地城市只能参考借鉴香港“现代化模式”，但不可照搬与复制！香港不希望内地城市的“现代化”成为东西南北的“香港化”。

城市“现代化”的标志首先是当代先进科学技术成果以及国际前卫健康文化意识在城市生活中普及体现的程度。在香港，拥有世界上最先进的城市公共交通工具，有世界最现代的建筑，也有世界上最现代的音乐厅、剧院、购物中心、游艇码头、酒店、地铁、会展中心及其濒海社区。香港城市“硬件”的现代化程度已经全方位进入国际城市最前沿。

然而，任何一座城市仅仅具有现代化的“硬件”还不足以支撑形成城市的“现代化综合素质”，其中一项基础及主体性的现代化“软件”就是城市文化。

世界对于城市文化的认同以及评价首先是寻找这座城市的“根”在哪里？没有“根”的城市犹如无家可归的流浪汉！ 20世纪70年代末，香港政府在九龙尖沙咀建了一座新的艺术中心，但基地却是建于20世纪20～30年代的火车站原址。九龙尖沙咀火车站曾被当时西方媒体誉为“远东最漂亮的火车站”，作为香港的城市标志性建筑见证了九龙的成长历程。根据城市规划，火车站需要从尖沙咀移至红磡。为了保存城市历史性建筑文物，在新的艺术中心旁边将原火车站钟塔予以完整保留。这是香港人心目中城市之“根”的历史象征性标志。面对香港岛北角至上环一线的现代建筑群，这座拥有历史沉淀感的钟塔对于香港“现代化”反而更具有说服力。

进入全球网络化时代，内地城市“现代化”的定位及其目标再也不仅仅局限于香港，而是世界城市。由于拥有人才资源以及地方文化特色的系列优势，近年来，内地城市发展相当迅速，在整体性城市素质推进方面正在接近香港。

从电视节目制作到时装新潮，从地方建筑风格到科研项目研发体系；从国际贸易平台转换到房地产进展，从国际文化交流到世界博览会，香港面临来自内地城市的系列挑战。

其实，香港完全可以立足于从中国城市到世界城市之林进一步研究并确立自己的发展战略：在“一国两制”城市平台以独特性“优势”滚动并拓展新“优势”，以更为科学化、国际化与现代化的途径实现更为远大的城市发展目标。

在城市中建设城市。这是一项尊重城市文脉、维护城市文化尊严、体现城市科学发展的见解。

11.“农村包围城市”与“城市覆盖农村”

1949 年以前，中国革命成功的主体策略是“农村包围城市”。

1949 年以后，尤其是 1979 年以来，中国城市发展的主要思路及其局面是“城市覆盖农村”。

尽管结束千年封建王朝的“辛亥革命”发生在城市，或者说中国共产党的创立地点也是在城市，但是，从土地革命开始的中国革命的“星星之火”首先从农村点燃。

毛泽东从《湖南农民运动考察报告》入手，得出清晰而又准确的英明判断：中国革命潮流的源头在农村，而不是城市；中国革命的主力军也不是在城市，而是农民。

在第一次国内革命战争开始之际，毛泽东认为，马列主义与中国国情相结合不能生搬硬套，从俄国革命中心回国的“海归派”以马列主义者自居，向农民大谈布尔什维克或第三国际，结果，农民几乎无动于衷。毛泽东非常清楚农民究竟需要什么？靠马列主义教条动员农民起来干革命简直不太可能。毛泽东对农民喊出精练的一句话是“打土豪，分田地！”结果，农民明白了革命的道理，纷纷参加红军，星星之火开始燎原。

1928 年，毛泽东在武昌主持“中央农民运动讲习所”，最后跟着毛泽东从湖北经江西上井冈山的队伍主要是来自湖北省黄安（现为红安）县及鄂东农村的农民，当时只有极少数武汉市青年离开城市跟着毛泽东去江西。后来，跟着毛泽东上井冈山，经历二万五千里长征，参加抗日战争和解放战争的湖北农民中出现了大批将军和开国元勋，以致黄安县因“将军县”而更名为红安县。

中国历史上改朝换代历次战争对于城市争夺的目标为“占领”——对于土地与人口控制权获得的象征与历史归属。只是到了 1945 ~ 1949 年期间，中国城市进入数千年以来的历史性转折点——“解放”。

20 世纪初至中叶，中国革命农村“包围”城市至主要由农民子弟组成的解放军“解放”城市，证明了毛泽东对于中国前景预测提出“农村包围城市”战略的正确性。“解放”城市的历史意义以及城市文化特征不同于以往任何朝代的“占领”。首先，所有城市由一个政党及其所领导的军队实行严格军事管制，以确保人民生命财产安全和人民生活安定为管理城市第一原则，得到城市居民的普遍拥护；同时，中央政府以全国统一的城市方针、城市政策以及城市编制治理城市，对于不同地区城市发展注重从民族政策以及民生风俗落实到城市基层社会组织——社区、街道和居委会，从而逐步建立起周密的城市社会网络组织。这种城市社会网络组织在中国城市史上首开先河，成为确保城市社会稳定的必要社会基础体制。

1949 ~ 1979 的 30 年间，中国城市发展进度一直保持相对平衡与稳定，新城市主要由新兴工业基地形成，还有一批城市则是得到大型工业项目支撑而扩大规模并提高综合素质。广东省茂名市（石油）、黑龙江省大庆市（石油）、四川省攀枝花市（钢铁）、甘肃省玉门市（石油）、四川省西昌市（航天）、湖北省荆门市（炼油）、黑龙江省富拉尔基市（电力与机械）、湖北省十堰市（汽车）、湖北省宜昌市（水电）、辽宁省盘锦市（石油）、新疆维吾尔自治区石河子市（军垦）、新疆维吾尔自治区木兰市（国防）、青海省格尔木市（交通）等新兴城市群奠定了 20 世纪中叶中国城市化的基础。

1985 年，随着城市经济体制改革逐步推进，中国城市化开始出现新的转折局面：

（1）由县城开始转为县级市；

（2）地级市普遍出现；

（3）省级市用地规模普遍扩大；

（4）城市带以及小城镇群开始形成；

（5）区域城市板块结构开始酝酿。

首先，全国开始出现“县级市热”，“县市”级别上升以及编制扩大，机构逐步增多。截至 2004 年底，全国已有 374 个县级市、283 个地级市、34 个省级市（即 4 个直辖市、23 个省、5 个自治区、2 个特别行政区）、4 个直辖市；另一方面，“重市轻镇”现象导致“镇”的地方格局与地方特色普遍被忽视，特别是一些作为农村中心点的集镇在保护与发展的政策待遇方面普遍低于县级市。

社会主义新农村的支撑网络节点并非县级市，而是星罗棋布的集镇。中国城市化的基本路线应该侧重研究“集镇群”的存在背景、基础资源、保护价值、发展潜力及其成长趋势，以一系列符合各地客观实际的区别类政策对集镇保护与成长予以适当扶持。

在以“土地规模”和“人口规模”作为衡量城市化标准的发展进程中，城市“发展变化”和“政绩上升”的首要标志是“城市规模扩大”，而“城市规模扩大”的基本指标体现则是“城市覆盖率”——城市开发区向原郊区县延伸，农用地转为城市开发用地指标逐年攀升。

20 世纪 80 年代以来，中国城市扩张可以概括为以下方式：

（1）“城市环线扩张”：以环状城市主干道由城市核心区逐步向城市外围郊县城区扩展，如北京已经出现“五环”和“六环”，成都和武汉等城市的环状线城区扩展也发展相当快。

（2）各类“开发区”、CBD 以及“旅游区”的大规模“圈地运动”导致城市边缘地带多为“新区覆盖模式”，为支撑各类“新区”运行，为支撑大规模基础设施建设，城市财政付出了巨大代价。

（3）20 世纪 90 年代初期，城市行政中心区向老城区外围搬迁趋势出现。为突出城市最高职能部门办公楼的权威性，多以纪念性中轴线布局强调市行政新中心区的宏伟气势，大面积广场多与主体行政办公大楼和商业文化中心连接，多数广场成为市民公共活动场所。

（4）城市综合功能新区逐渐向外围扩张。广州市在 20 世纪 80 ～ 90 年代主要开发天河新区，21 世纪初开始往南延伸大规模开发南沙新区。20 世纪 80 ～ 90 年代，深圳蛇口的绿化覆盖率还比较高，城市轮廓线沿山岭树林此起彼伏，颇具园林城市风景特征。至 90 年代末，蛇口的建筑密度日益增高，可作为绿化的空地日益减少，城市景观及轮廓线显得高层居住建筑群过于拥挤。21 世纪初，深圳城区扩展已经开始向龙岗区方向延伸。

（5）“会展中心”＋“体育中心”＋“大学城”＋“卫星城”在城市边缘地带各居一方。现代城市功能确实必须拥有“会展中心”、“体育中心”、“大学城”和“卫星城”项目。质疑焦点为：评价城市现代化的标准是否是每一座城市都必须拥有上述大而全的功能项目？事实上并非如此。每一座城市的地区侧重功能在区域城市板块结构体系中应该有所分工，特别是邻近城市群没有必要建设大而全的“会展中心”+“体育中心”+“大学城”+“卫星城”连锁配套项目，其实可以在市级协作层面上体现各城市侧重分项布局，没有必要各市以攀比争雄心态争上“跟风热”的大型项目。

现存事实：相当多城市追求“表面排场规模”或“丰功政绩”，争上“会展中心”、“体育中心”、“大学城”、“卫星城”，而且由于事先缺乏必要的科学论证而导致规模过大或标准过高，在运营过程中缺乏适当“活动项目”支撑，以致这些建筑多时闲置，建筑养护费、庞大行政编制需要政府每年支付高额财政补贴。即使是需要上“会展中心”、“体育中心”、“大学城”、“卫星城”的任何项目，在项目策划前期应该进行周密而又系统的科学论证，特别是在城市方位布局、交通系统评价、运营前景预测、土地规模测算、经济效益分析、成本控制核算等方面需要进行全面慎重考虑。其中关于“土地规模测算”的难度非常明显，通常体现为以“综合理由”千方百计多征土地而扩大用地规模，名义上为“预备用地”、“生活用地”或“绿化用地”，后期实际上变为合资“房地产用地”，主管方为减轻财政负担，也只能默认接受发展商提出的土地租赁金支付条件。

（6）外资项目土地资源优先，环境评价由于人为因素支配影响往往成为“过场程序”。引进外资项目数量、外商投资项目规模以及外资企业纳税指标成为任何一座城市主管层政绩的记录与象征，而问题的焦点在于与外资项目相关的土地资源控制出现地方政策倾斜现象：“只要XX项目来本市投资，土地超低价租赁70年”；“XXX项目可以激活本市经济，可成为本市纳税大户，吸引XXX项目的优先条件是无偿提供土地1000亩”……于是，有的带有环境污染性外资项目（尤其是一些明显或潜在公害转嫁项目）以享有优惠投资条件名义进入一些城市，以“企业规模扩大”理由对地方政府不断追加扩大“圈地”要求，导致农田资源流失。

20世纪80～90年代，土地资源由城市政府的职能部门——城市规划局（或城市规划管理局）统筹管理，由于系列城市（尤其是沿海开放城市）总体规划对于过快进行的城市大规模开发出现失控现象，许多土地资源随着系列名目繁多项目流失同时亦出现宏观失控现象。由于土地资源归国家所有，而主管土地资源的基层干部一时未能意识到土地资源的稀缺珍贵性，在批租土地过程中由于前期论证以及项目规模评估不足，导致土地划拨或土地租赁出现系列误区，一方面土地资源在人为失控过程中无端流失，同时也由于对于土地经营（包括租赁与拍卖）缺乏政策、机制和专门人才出现一时贻误。

直到20世纪90年代后期，国家对于土地资源控制与经营才开始在机制与政策制定方面形成规范系统。中央政府成立了国土资源部，地方各级政府陆续成立直属国土资源部的国土资源厅局，各个城市迅即将土地掌控权及其职能部门从城市规划局分离出来，进而成立进入土地经营市场机制的土地中心——这是国家对于土地资源实现规范管理及其控制性经营的战略性转折，成为城市土地资源科学利用的必然途径。

“水资源”和“土地资源”是城市生存与发展的第一资源。城市规模发展的依据、象征及其指标并非以每年土地被征用于城市建设的数量为基准，城市新区覆盖农村的进度与规模也不是体现一座城市发展的主体趋势，事实上，以城市新区对于郊县农村土地覆盖率增加幅度作为评价城市发展的先进性、现代性及其突变性是一个观念误区。

“城市覆盖农村”成为中国城市开发扩展过程的普遍现象，几乎所有城市新区都在向城市郊区延伸，似乎没有明确边界。京津唐、长株潭、长三角城镇群、珠三角城镇群、杭州湾城镇群都正在形成“城市连接带”趋势，昔日农村的广阔天地正在变成“大都市带”中的残余空间。显然，“大都市圈”时代已经来临，中国城市化潮流势不可挡，“农业中国”变成“城市中国”的梦想正在实现。

但是，科学控制“土地资源”仍然是中国城市开发扩展过程以及“大都市圈”形成过程的紧迫课题，基于一个人多可耕地少的国家，“土地资源”并非城市实现现代化的保障，而首先是城市生存的忧患。当我们沿着城市核心圈向外层层扩展塞满密密麻麻的“房子”时，我们是否曾经奢望拥有森林公园、都市村庄、山水园林和更多的社区公园。农村与城市穿插交错存在，或许这正是 21 世纪新一代城市形态的基本特征。

节制“城市覆盖农村”现象，并非仅仅是一种愿望和诉求，我们可以从以下五个方面进行探索和实践：

（1）城市永远是“旧区”与“新区”并存。无论新区发展多快，“旧区”始终是城市文脉的根，被市民看作是生活在这个城市的文化归宿。固然，“旧区”存在基础设施老化以及土地昂贵的系列问题，但是，体现城市魅力以及体验城市经典生活的最佳去处却仍然是“旧区”。欧洲发达国家城市改造提出了一项具有城市学说服力的观点：在城市中建设城市。这是一项尊重城市文脉、维护城市文化尊严、体现城市科学发展的见解。在中国，城市“旧区”遗留大量问题，包括基础设施更新、空间硬件组合、环境品质改善、文化形态保护的系列课题，而这些课题恰恰就是“在城市中建设城市”的目标及其意义。中国拥有历史背景的城市已经意识到“在城市中建设城市”的价值与前景，开始确定本地城市发展新战略：从以往一味追求城市边缘扩展而转向市内旧城区改造，不仅节省了城市土地资源，同时通过城市“旧区”保护与适当复兴，从而提高了城市整体素质。

（2）至今，中国城市从核心区连接近郊和远郊居住社区以及各类开发区的公共交通体系尚未形成完善系统，尽管所有远郊居住社区都拥有往返于市区的自立公共客运车队，但多数却没有编组进入城市公共客运体系，基于广泛客运层次评价还存在实用性差距。特大城市已经凸现出由于过于扩展新区而造成居住新区市民与“旧区”联系相当不便的系列问题，适当抑制私家车而发展郊区公共客运系统成为当务之急。

远郊社区遍地开花成为近年特大城市房地产进展的一种明显趋势。主要前提在于商业动机：以远郊自然环境融入居住环境而吸引客户；以居住社区毗邻远郊风景名胜而提高新开发社区的知名度；以依傍某某名牌大学远郊分校区而“打造”社区文化品牌等等。远郊区县领导急于获得政绩或“商机”而在“土地资源”方面为发展商大开绿灯，甚至变通国家政策而给“投资者”及“投机商”圈地，结果导致一些珍贵土地资源流失。对此，城市高层职能部门应该对远郊区县土地资源实现直接控制，尤其是必须对于拟征地开发项目实现前期完全系统论证以及项目环境评价，对于土地租赁及开发前景实现综合预测，在此基础上进而确定保护以及科学合理利用土地资源的条件与途径。

（3）目前城市开发进程普遍出现“核心区低谷”。由于多数城市核心区为旧城区，基础设施落后、居民拆迁安置难度大，导致城市核心区保护与改造开发均出现系列障碍。于是，一些城市开发投资计划不得不放弃核心区开发方案，纷纷转向近远郊各区县大规模圈地，这已经成为各地普遍现象。

作为对应于城市核心区开发的具体政策，应该对保护与适当改造核心区的项目予以重点扶持，特别是针对保护性开发项目更应该以适当优惠条件确保实施。以城市主题文化为主导，以城市生活支撑性商业为支撑服务项目的核心区保护性开发计划，正在开始成为中国城市核心区复苏的迹象。上海“新天地”项目带给城市高层决策者一些新的启示：城市开发并非仅仅是摧枯拉朽的象征，对于历史街区旧建筑的结构性改进完全可以复兴城市核心区，其中立项要点是城市文化立意、城市功能系统重新组织更新、建筑风格在适当技术加固并予重新理性整合基础上保持传统形态特征。

但是，特大城市核心街区普遍出现高层建筑无序穿插现象，结果导致核心街区建筑群整体尺度遭到破坏，街区景观普遍出现非理性的失控轮廓线。对此，城市当局应该予以系统反思研究：城市核心区更新的功能与景观如何协调？城市文化素质与单边开发商业效益如何平衡？需要从城市政策与城市设计方面进行联动研究：

核心街区主体功能定位1：维持原地传统居住功能，进一步完善居住社区基础设施与建筑基础设备；

核心街区主体功能定位2：削弱原地居住功能，强化普及性商业功能，商场、店铺以及各类商业服务空间容量普遍增加；

核心街区主体功能定位3：取消原地居住功能，完全变成金融与高端商业功能；

核心街区主体功能定位4：逐步取消原地居住功能，形成完全城市经典文化旅游社区；

核心街区主体功能定位5：在适当保持原地传统居住功能同时，拆迁部分无历史见证价值以及老化程度高的旧居住建筑，一方面将部分旧居住建筑适当改造成新标准居住建筑，另一方面，在空地增建新居住及其配套服务建筑。

（4）保持郊区，扶持集镇。以“环线”为城市扩张圈的“建成区蔓延”如果大规模吞噬或蚕食郊区土地，只能造成郊区生态资源空洞化；与此同时，由于人工硬质景观区面积过大而减少纯自然生态保护区，将导致城市小气候环境品质逐步下降。“近郊”与“远郊”是城市的边缘社区地带及其生态保护圈，对于调节城市小气候环境起着必要保障性作用，必须确定以自然山水环境与森林资源为主体的郊区形态，保持郊区的田园风景，让自然风景与建成区人工景观相得益彰。

基于城市宏观空间系统配套层面，应该以维持城市社区分级系统为前提而全力维护及保护好郊区的卫星镇，不要轻易将系列卫星镇变成（通常为升格）城市“新区”或“城区”。每一个拥有本体历史背景的集镇，都希望保持本地民俗与文化特征的愿望，这是捍卫地方文化尊严的集镇在谋求存在的底线。而有些新城市的“根”往往就在其中某一个卫星镇，或许是先有卫星镇后才有某个新城市，如果为了上升新城市的“行政级别”或“超级规模”而吞并卫星镇（通常为“拆镇并市”），其实，这是一种以割断当地城市历史文脉而片面追求城市级别，扩大城市编制的下策。20 世纪 90 年代以来，中国有些城市曾经采取类似下策，结果导致地方城镇文脉被“新区”切割零碎，很难再恢复以前原地“卫星镇”的文化魅力和景观特征。

一些地方在“拆县并市”或“拆镇并市”过程中将许多集镇变为“某某新城区”，原镇长即成为区长，整体行政班子级别提升，编制扩大。显然，这是基于领导层心态局部膨胀的决策前提。如果站在捍卫本乡本土集镇文化的立场，镇长的“文化面孔”大于新区区长的“行政形象”，上千年或数百年以来，一个地方的历史文化沉淀形成了这个独具特色的集镇，然而，以“实现现代化的城市化”为借口而“拆镇并市”，只能导致作为地方历史文化见证的集镇一个个逐渐消失，事实上这是一种摧毁地方集镇文化的偏见与偏激之举，与城市科学发展背道而驰。

（5）土地姓“土”。20 世纪 80 年代后期开始，随着城市规模逐渐扩展，从房地产开发计划者到政府决策部门对于城市土地资源的观念开始发生变化。全国将近 90% 的城市将原近郊县并为城市市区，将远郊县纳入城市直辖县，显然城市拥有土地资源量急剧上升。如何科学合理地运用这些珍贵的土地资源？各地在国土资源部未成立之前似乎一度陷入混乱。城市土地资源管理者认为：城市土地姓“城”而不是姓“土”，新区土地资源开发的首要目标就是尽快满足各类“新开发区”需要而变成各类“新建成区”。于是，各类新开发区在缺乏前期可行性论证及概念性总体规划设计的前提下大规模圈地，或者被当地主管职能部门以片面理由切割成各自为政的零星“小区”。表面上工地连绵建设景象兴旺，事实上却是一些堆砌短视决策行为的不同程度的“破坏性开发”，从基础设施统一布局，从生态品质到建成区景观统一协调控制几乎毫无章法。新一轮的土地资源“流失”而导致的城市后遗症只能是问题成“堆”时才开始采取补救措施，而城市必将为多数整治项目付出沉重经济代价。

所有土地资源都是姓“土”。即使是建成区的建筑基地的基本性质也是姓“土”。尽管建筑类型、价值及其规模可以改变土地性质，但是在本质上却不会改变土地资源的原生定义。“土”是地球表面的一种基本物质，只要地球存在一天，所有地表建筑与城市就必须扎根土地。城市的每一寸土地是城市空间与环境的基本载体，无论人类如何以先进技术在地表或地下超级深度构筑生存实用空间，我们所利用的基本资源始终是“土”。然而，城市的“土”并非全部姓“城”，建成区见缝插针的“土”并不就是城市的象征，而是包括更多不是姓“城”的非建成区的“土”，诸如自然山岭、滨水湿地、江海水面、森林绿带、农作田园。其实，我们应该基于土地资源姓“土”的基本前提思考与决策城市开发的每一个细部环节，土地的价值并不仅仅局限于“建成”，而是更为贴切本地自然生态的“非建成”。

在城市规划确定不应开发楼盘的地段批准楼盘项目，导致城市系统结构和社区组织关系破裂。

12.从“楼盘社区”到“楼盘城市”

计划经济时代，城市公共住宅与各单位住宅均由国家计划统一兴建。即使是大型厂矿企业单位的大量住宅建设，也只是称为“居住区”。各单位设有专门的基建处或筹建办公室，一批专人负责建设本单位的职工住宅。所有建设计划均由上级计划委员会（简称计委）下达，如果建设后期总投资超出计委下达额度或指标，则要重新打报告申请追加投资。一些项目由于追加投资一时下不来（半年或几年），施工即中断，项目成为“胡子尾巴工程”。一旦项目复工，停工期间所造成的“施工成本损失”基本上无法追究，浪费资金只得由国家或地方财政负担。

20 世纪末叶城市经济体制改革的转折点之一：城市公共住宅以及社会一些单位职工住宅开始由计划经济转入市场经济，住宅建设除政府福利住房与政府直属机关房产继续由国家计划投资以外，社会性住宅开始全面转由房地产公司开发。

对于中国城市居民而言，首先是一项关于住房观念的革新——住房不再是单位提供的一种福利待遇，而是一种需要买卖的商品。或许福利房是属于政府或国家的财产，但商品房对于个人或家庭来说已经成为一种资产或资本的积累象征。

如此之快、如此之大、如此之新的社会普遍性房地产开发对于中国人来说，是一项前所未有的空前房地产商业课题。首先，国家事先几乎来不及以科学预测性推出相应控制与调节性政策及其各种相关措施，以“摸石头过河”的改革思路对应风起云涌的房地产热潮，在土地资源控制、环境保护控制、城市景观控制、建筑法规控制、建筑风格定位等方面一时限于被动状态，多数情况变成“头痛医头”、“脚痛医脚”以及“亡羊补牢”的局面。而雨后春笋般出现的各类房地产公司在素质上明显参差不齐，有的公司几乎没有启动资本金，而是靠钻国家政策空子的“空手道”甚至“邪门歪道”去套取贷款，相当多的银行金融体制不完善甚至混乱，对于许多所谓楼盘项目事先缺乏必要技术论证和必要审核把关。相当部分贷款并未投资于楼盘项目而被贷款人卷款潜逃，还有一些项目仅仅只是开工开挖基础或打桩至正负零基准平面即下马。20 世纪 90 年代初期出现的全国性（以南方沿海为“重灾区”）楼盘项目成为不良资产事件给国家财政造成巨额损失。

20 世纪 90 年代中期之后，国家立即对房地产市场以及金融体制运行状况采取紧急措施予以“整治性控制”，明显地遏制了房地产市场以及金融体制与机构的各类弊端，使得全国房地产市场开始进入较为规范的良性循环。

据不完全统计，20 世纪 80 年代中期开始，中国城市几乎所有公共场所和门户区的商业广告中 65％～75％与房地产项目直接相关，而其中 95% 的商业广告则是形形色色的楼盘与小区。

20 世纪 80 年代初期，“楼盘”一词由港澳经沿海迅速传遍全国各城市，在世人心目中，“楼盘”就是要在一块地方集中造房子，在房地产投资商眼里，“楼盘”则是企业生死存亡的命根子项目。

楼盘通常涵盖房地产市场的立项推进、规划设计、报批攻关、施工开发、广告销售、物业管理、入住运营的居住社区。楼盘在房地产业界通常交流中泛指正在施工中的“居住社区项目”。

从楼盘的策划到实施，投资与开发者处心积虑推敲与推出楼盘的卖点。于是，专为投资与开发者制造市场卖点的策划公司应运而生。事实上，关于房地产市场的咨询、策划以及经营行业在中国只是刚刚开始产生，属于“朝阳行业”。但是，由于以往国家经济体制以及教育背景，大学和各类专科学校几乎没有设置与房地产市场咨询、策划以及经营的相关专业，即使是建筑学或城市规划专业毕业的学生一方面不愿意去从事这个新行业，另一方面即使进入这个新行业也缺乏与策划和经营相关的知识准备（大学建筑学或城市规划专业并不系统开设这方面必修课）。于是，策划者几乎很少来自相应科班专业，多数为经济、新闻、管理、教育或中文专业转行，由于对房地产市场从工程到经营整套体系不甚熟悉，导致初期业务进展风险相当大。尽管如此，有的策划公司在实践中善于学习与总结，在具体项目业务履行过程中很快与业主和建筑师合拍；但也不乏有策划公司对业主与建筑师实行各类“海阔天空”或“不切实际”的误导，无论是对项目品质分析定位还是市场前景预测都出现系列偏差，给房地产开发企业和城市所造成的损失（甚至危害）事实累累。

基于系列前车之鉴，越来越多的项目（尤其是至关重要的城市级项目）在总体策划过程中几乎所有卖点已经开始来自投资者的想象力与模仿借鉴力，有独立见解及其明晰商业意识的开发商（项目投资者）已经从开始阶段一味听从策划公司的摆布到开始自寻出路，于是，各类楼盘八仙过海，各显神通：

A 楼盘攀附名校设立“名牌小学”或“名牌中学”以吸引住户；

B 楼盘以豪华会所炫耀本项目实力；

C 楼盘不惜重金特聘国外名建筑师规划设计，甚至号称是某位大师的“绝版之作”；

D 楼盘斥巨资在环境设施配置方面精雕细作，以“打造”世外桃源占领市场制高点；

E 楼盘以外国地名冠名（更有甚者直接使用国外同类项目名称），模仿欧洲传统建筑风格，自封为“国际化品牌”；

F 楼盘以建筑的精工装修提高档次，侧重考究建筑设计至施工的“一条龙”品质管理，切实以项目本体综合高素质赢得社会购买力；

G 楼盘以风水吉利大做文章，使得购房者坐立不安，不买那个吉利的楼盘的一套房似乎就会错失良机！

……

其实，这是中国自 20 世纪 80 年代推行改革开放政策以来，城市建设从过去计划经济大一统局面进入民间开发市场运行机制开端的一个侧面，这是一个房地产市场起步与过渡的必经之路。

中国房地产业在经历这一起步与过渡阶段中将会逐步趋向于成熟、规范。各地的各类“楼盘社区”的健康发展将在整体居住功能体系完善过程中提高城市综合素质。尽管这个阶段还需经历相当长时间，但总体进程方向已经初步明确。

随着“楼盘社区”规模日趋扩大，城市社会正在形成新一代各“楼盘社区”自成体系的“小而全小社会”。表面上，各“楼盘社区”拥有各自的服务设施体系，而且尽可能在本社区配置得小而全，为居民提供应有尽有的生活服务条件——然而，从城市整体宏观格局以及城市系统工程俯视考证，可以发现存在下列问题：

(1) 由于各楼盘必须依附于城市主体结构才能生存与发展，而楼盘与城市主体结构之间必须拥有相辅相成、相得益彰的相互依存互动关系。但是，由于民间房地产投资过快或规模过大，导致各类楼盘在城市某一热点地区快速增长，给城市交通、能源、环保等基础设施造成极大压力，结果是楼盘的房子都卖出去了，但楼盘与城市之间的协调关系失衡，城市功能系统运行出现系列“故障”，有的“故障”属于“城市结构性故障”，原因的根子在于城市战略规划和土地使用功能分区规划，新社区开发容量以及城市功能承载体系难以适应密集“楼盘社区”的综合运行，“亡羊补牢”一时谈何容易！

(2) 城市决策管理者一味引进投资而扩大楼盘开发规模追求领导政绩，导致合理的城市规划因缺乏科学发展观的长官意志而变得相当不合理。在通常情况下，一方面，现任领导因自己的新思路而擅自修改甚至推翻前任（或前几任）班子所制定的城市规划，尤其是在城市规划确定不应开发楼盘的地段批准楼盘项目，导致城市系统结构和社区组织关系破裂；另一方面，前任班子或主要领导人拍板决策所造成的城市楼盘开发后遗症，后任班子通常不愿意收拾或整治，尽可能以本届政府新的措施加以回避，多另起炉灶制定新的开发计划，以免吃力不讨好。

(3) 一些房地产投资商只是局限于本体局部商业利益而忽视城市大局，为了片面追求市场效益而以种种借口快速扩大楼盘开发规模、千方百计提高楼盘容积率，甚至以某些特殊上级关系或商业诱惑给政府施加压力。执行土地政策和城市规划职能部门往往被迫迁就于某些“上级签字”而调整项目的技术指标，结果显而易见，房子盖大了、建高了，单项楼盘或单体建筑商业效益（当然也会给城市增加税收）上去了，但是，城市整体景观失调、空间和环境品质下降的遗憾局面却不可扭转。

(4) 作为城市土地资源管理和城市规划的职能部门，不能只是被动地接受单个楼盘项目的报批。前车之鉴证实：单项审批容易顾此失彼而失去城市整体性以及综合性“素质条件”。更多的教训使得我们需要研究科学的工作方法：不要单方面审批单项楼盘报批计划，而应该将每一项楼盘报批计划与周边城市环境以及所有关联楼盘整体予以系统研究、论证性审批，这样或许可以逐步走向维护城市结构、城市景观、城市环境、城市空间以及城市基础设施和谐配套的科学模式。

基于上述分析，我们应该承认：1985 ~ 2005 年期间，中国各地城市所开发的各类“楼盘社区”改变了城市环境以及面貌，在相当层面上提高了居民的居住水准；与此同时，“楼盘社区”更新了城市城区结构以及社区组织，奠定了城市新一代成长的基础。

在中国城市，“楼盘社区”的增长规模以及速度普遍超过城市公共社区以及公共基础设施的建设周期，一些城市边缘地带的“楼盘社区”由于一时不具备城市公共交通系统保障，近乎成为“孤岛型社区”；远郊“楼盘社区”往返城市中心区由于缺乏足够的城市公共交通设施、城市公共文化设施以及城市公共商业设施支撑，给居民频繁往返于城市中心区与本居住社区之间造成很大困难。

与此同时，城市出现系列“细胞”——彼此相连但又各自为政的“楼盘社区”，但却缺乏“细胞组织”——作为城市大社区级的城市公共交通体系、城市公共文化中心以及城市公共商业设施。即使各“楼盘社区”之间边界地带已经形成某种形式的商业街，但一方面城市公共系统功能不全，另一方面则明显缺乏城市公共交通体系支持。多数局面则不得不依赖私人交通，却又缺乏足够相应规模的停车空间或场地。调查结果表明，事先本来在城市详细规划中就未能（或来不及）考虑在此地开发城市公共系统功能社区中心，以致在土地资源储备、公共交通体系以及相关基础设施方面均未提出完整的计划及其方案。

至今，中国的城市，尤其是新城市的状况准确而言可以称为“楼盘城市”。

(1) 城市的主体功能区为名目繁多的“楼盘社区”所覆盖，即使名义为其他功能（譬如城市商业服务）的社区，而实际内涵则是变相的房地产项目，楼盘基本卖点还是住宅单元。

(2) 各“楼盘社区”前期开发由于土地资源来路以及环境保护政策的特殊背景原因，相互之间留下各种形式的间隙地带。如果城市对于这些间隙地带不予重新规划或组织开发（政府或民间）及管理，会导致系列城市“残余空间”出现。有的“残余空间”成为“三不管”地带，沦落为垃圾场或游民棚户区，无证搭建以及极度违反国家建筑规范的房屋拥挤不堪，生活环境恶劣、犯罪率高；有的“残余空间”则常年荒芜无人问津，无从整治而杂乱无章。楼盘之间的“残余空间”不仅浪费了城市土地资源，而且已经成为危害城市整体和谐环境的公开“杀手”或潜在“威胁”。

(3) “楼盘城市”扩张的趋势在城市化普及程度上的主体负面后果将对城市公共空间功能、城市公共交通体系、城市社区整体有机组织以及城市基础设施系统提出分散性要求，从而会导致城市公共功能空间资源分配不合理、城市公共基础设施及其能源消费结构倾斜增长以及城市整体和谐景观系统被无端分离肢解。

“楼盘城市”不仅仅是一种城市现象，而且是中国城市发展的一段过程，也是一类特定的城市模式，不可回避，也不能逾越，但是针对其基本规律可以在城市化进程中予以科学导向：

(1) 从城市规划到城市设计（包括国内的控制性规划设计阶段），必须明确规定可作为楼盘项目的地区土地资源的合理布局及其开发强度，相关技术经济指标必须予以法定颁布；

(2) 楼盘项目招商、投资立项、规划设计以及开发计划，必须首先以尊重城市规划为前提，所有项目的技术经济指标分配至确定必须以法定颁布的城市规划相关数据为准；

(3) 城市公共社区规划以及城市设计必须将周边相关联的“楼盘社区”作为综合系统全盘考虑；不可将“楼盘社区”独立于城市公共功能空间、环境以及公共性基础资源以外另类设置。

城市是一个和谐包容各类功能社区的系统综合体，如果一味从房地产市场商业效益出发过度开发“楼盘社区”，城市整体功能的系统平衡将会发生倾斜。

“楼盘城市”并非现代城市化过程中的一种理想模式，而是一种城市房地产市场偏重现象，需要予以适当调节。

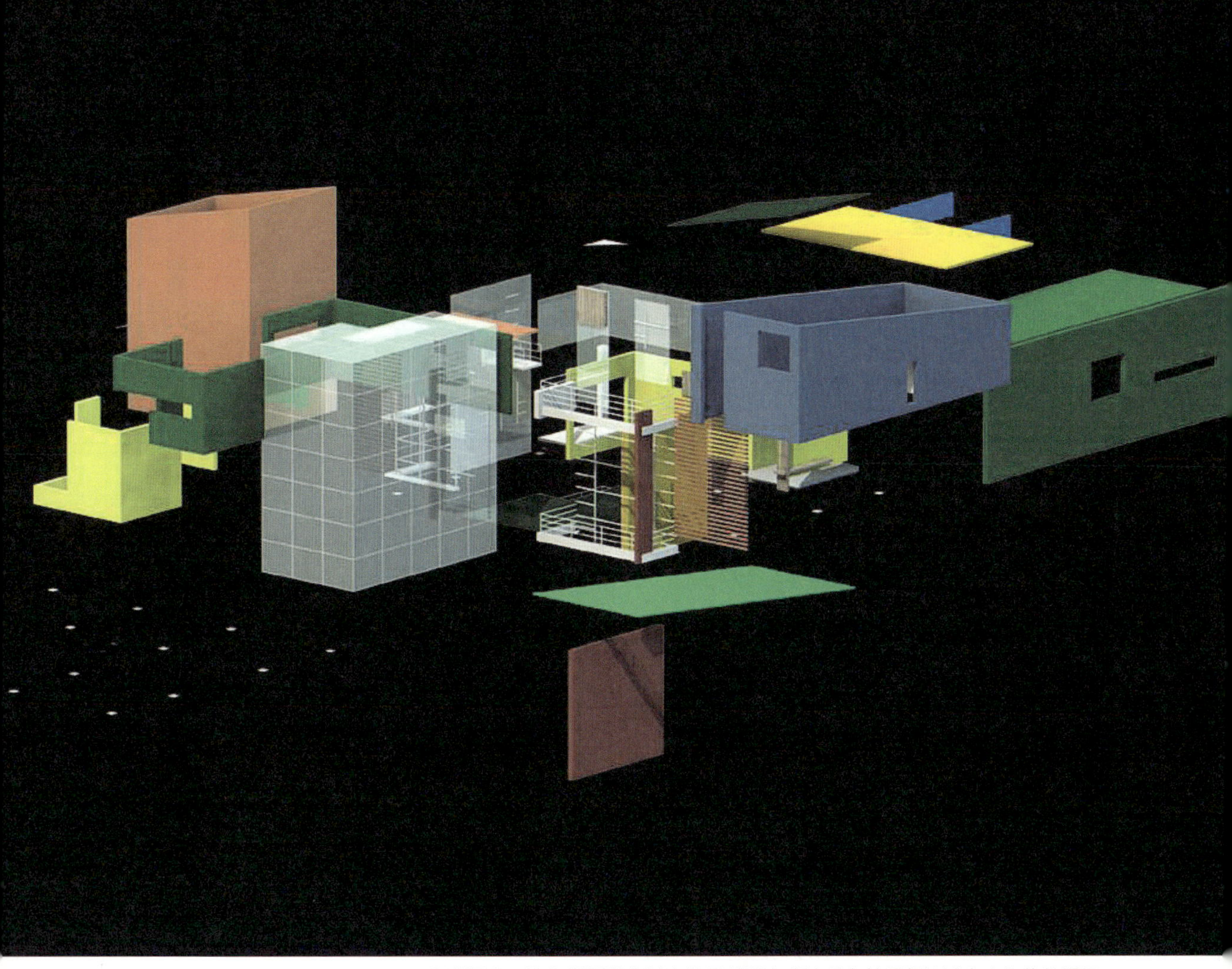

全球经济一体化所促进的城市发展落脚点应该是在尊重各地城市文化的前提下致力于寻求各城市之间文化的区别。

13.东西方城市与建筑文化冲突

任何时代、任何国家、任何地域、任何城市、任何人类定居地发展的空间与环境物质形态最终见证于“文化”。

从古希腊到古罗马、从欧洲中世纪到文艺复兴、从盛唐到大宋、从元大都到香港殖民地与上海租界的城市文化体现于序列建筑元素的标志性、寓意性及其象征性。

世界上所有城市文化的沉淀及其内涵归根结底是思想。

世界上最古老的腓尼基—苏美尔城市国家起源于幼发拉底河与底格里斯河流域，人类的原始“城市时代”从腓尼基—苏美尔开始！

人类一直拓展的定居地实际上包含两个层面——赖以生存的生活空间和精神的向往及其寄托场所。

人类城市进化过程正是人类空间上述两个层面交织进行的记录。

城市的形成、成长、扩张或衰落，取决于两项基本前提：经济基础与上层建筑。其中，上层建筑是由国家当权主宰者意识形态、城市思想、城市精神所派生的“城市人文价值”与“城市形象尊严”。所有城市的文化以及历史都聚焦于城市统治者以及市民的“城市人文价值”与“城市形象尊严”。

20世纪80年代末，随着德国柏林墙倒塌，以美苏为首的两大冷战国际体系逐渐崩溃，于是，人类社会开始进入西方舆论所称之为的“后冷战世界”。

显然，20世纪90年代开始，东西方之间不再普遍存在“冷战时代”政治以及意识形态的敌对情绪和对峙局面，各国、各城市随着全球经济一体化进程开始逐步进入世界经济同步运行轨道。

不久，全球化所导致的世界性问题开始凸现：世界经济一体化，是否会引起世界文化的趋同性？果然，由于国际流行式建筑风格美学意识日趋接近，以及建筑材料与设备标准化所导致的城市形态趋同性正在掩盖区别性，建筑形态以及城市景观早已开始出现文化危机以及相关疑问：全球经济一体化是否会导致全球文化一体化？全球化是否会导致世界城市之间的区别性以及可识别性逐渐减退，甚至消失！？

于是，一种对立世界思潮开始出现：全球经济一体化绝非全球文化一体化——

在伦敦面前，巴黎一直在孤芳自赏；

在马德里街头，市民唾弃一座模仿伦敦乔治时代风格的建筑；

芝加哥人总是在自豪地说：这里是芝加哥，绝不是纽约；

苏黎世尽管位于瑞士的德语区，但一直在寻求如何保持区别于德国的特征；

在广州，上下九街区依然保存了传统的骑楼；

……

有识之士开始意识到：各国、各地、各城市文化的本体“价值”和“尊严”不应该在全球化浪潮中被淹没，全球经济一体化所促进的城市发展落脚点应该是在尊重各地城市文化的前提下致力于寻求各城市之间文化的区别。

正好在全球经济一体化浪潮开始汹涌推进，而一些城市又试图抵制文化趋同性进而寻求城市文化区别性的敏感时期，中国城市化高潮开始来临。摆在中国政府决策层面前的关于城市发展的首要课题是如何走出中国自己的城市化之路?

面对发达国家城市化过程中的历史经验与教训，如何确定中国城市化之路的方向与途径选择? 回顾 1978 ~ 2008 年中国城市化进程事实可以发现，举国上下关于城市化的观念初步概括为以下三点：

(1) 城市化就是城市现代化；

(2) 城市化就是国际化，首先必须与国际接轨；

(3) 城市化的基本标志是城市数量与城市人口比重同时增加的幅度尽快接近发达国家城市化程度的水准。

一系列关于城市发展的政策基于上述三项基本思路在逐步制定并贯彻实行。城市化推进速度之快，城市开发规模之大，城市时尚生活方式普及面之广在中国城市史乃至世界城市史上均无前例。

关于城市改革的基点就是全力推进“开放政策”，具体措施主要包括派出相关高层次干部代表团出国考察，派出城市高层次主管干部出国进修或短期工作以及邀请外籍城市学专家教授来华交流。与此同时，各城市纷纷在港澳举行一系列城市项目投资招商会，外国投资集团，海外华商与港澳台商人凡是对大陆城市项目关注者争相在招商会上签署投资意向性合同。尽管绝大多数意向性合同未能实现（或者近期根本就不可能落实），但是，所有意向性合同无不表明内地城市决策者的开放视野及其胸怀，同时也使得外资对内地城市逐渐了解并逐步增强投资信心，从而开始循序渐进推进投资计划。

这是中国城市史上一个空前规模的中外城市学术、城市文化、城市政治以及城市经济的交流时期，对于开阔中国城市领导者的眼界以及形成城市国际化观念方面起到战略性的深远影响。

引进一条以现代技术装配的汽车生产流水线项目完全可行，或者以此方式导入发达国家城市相关先进基础设施实施及管理体系也可见成效。但是，唯独凝聚城市历史、城市意识、城市美学、城市风格以及城市模式的“城市文化”却不能轻易或盲目引进。1978 ~ 2008 年期间，我们并未对此形成明确以及充分认识，至少在“城市文化”方面体现出相当普遍的盲从、茫然或盲动，从沿海至内地城市发展在“城市文化”方面受到系列外来影响并由此发生冲突。

1）城市文化冲突

(1) 美国

“不到纽约意味着没有到美国。”

“纽约、芝加哥、洛杉矶高层建筑群是‘美帝国主义’的象征，是现代美国的象征，是城市现代化的象征，也是标志性城市与标志性建筑的象征。”

“美国大城市所代表的是至今人类最现代、最先进的城市文化。”

“美国大城市拥有全世界最大的 CBD 社区，我们也要建立世界上最现代化的城市 CBD 社区。”

“从美国大城市得到启示：没有高层建筑的城市，就称不上是现代化城市。美国大城市可以做到，我们也可以做到，而且会超过美国。”

……

确实，纽约、芝加哥、洛杉矶、休斯敦体现出美国乃至世界城市之林一种独特的城市文化。无论从任何城市学角度评价，美国大城市都是一座座现代城市、一座座充满人类冒险精神的城市、一座座最具有刺激性的城市、一座座梦幻城市，同时也是一座座“疯狂城市”。

正如一句名言：罗马并非一日建成。美国大城市是 18 ~ 20 世纪 200 年期间在美国资本主义极度强化背景下发展形成的，每一座城市都是 1775 年以来美国国家成长的缩影，也是美国精神与美国文化的历史性象征。

纽约的“城市硬盘”是美国东部沿海的一个半岛，而“城市软件”却是多国文化（尤其是荷兰、英国和犹太人家族）在这个称为曼哈顿的半岛交融与冲突的“化合”产物——当年，美国人从荷兰殖民者手中夺过来这一片被称为“新阿姆斯特丹”的宝地，从此，在“上纽约”与“下纽约”逐步混合过程中逐渐形成纽约城市人文基因。这种国际性的城市人文基因的“化合反应”在“上纽约”与“下纽约”之间的历史旋转、累积、沉淀了近 300 年才造就成今天的纽约。

纽约的城市文化只是属于纽约。

复制、模仿纽约并不是纽约的悲剧，而是试图复制、模仿城市自己的悲剧。

纽约在近 300 年期间走出了一条自己的路，我们不可能沿着纽约之路亦步亦趋。如果已经上路，不妨停留片刻冷静地思索：纽约是我们的明天，是我们的未来吗?

结论：纽约只是纽约，不是我们的未来。

美国大城市的生与死只是在美国发生，不可能在中国重演。

中国城市的未来必须靠自己求索、设计和创造。

这个过程或许也需要 200 年甚至更长的岁月，但我们必须得付出时间作为代价。

来自美国的企业家及其城市项目投资者主要焦点集中于投资效益，并非输出美国文化。然而，伴随跨国公司在中国城市的系列投资项目进入经营实施阶段，并开始大规模输出美国企业文化，从英特尔（Intel）到别克（Buick），从麦当劳（McDonald）到可口可乐（Coco Cola）；从摩托罗拉（Moto）到 IBM，从好莱坞电影到迪斯尼王国，形形色色的美国商业广告几乎遍及城市的各个角落，无孔不入渗透并影响几代中国人的生活方式。人们在使用并享受美国商业成果的过程中只是感受成果本身，很难意识到自己已经沉浸于美国企业文化的潮流。正如一句美国谚语：什么都怕加起来。当那些铺天盖地的美国企业文化在中国城市“加起来”之时，难道我们对于美国文化在城市场所对我们的影响、冲击与冲突还视而不见吗！

其实，中国城市在开放过程中接受了美国文化中的一些健康有益的信息，比如城市环境保护、城市交通组织、城市基础设施规划、城市商业空间有机构成等方面对于提高中国城市现代化素质起到了积极影响与促进作用，也是中国城市在健康成长期间从美国文化中所吸取的健康营养元素。与此同时，由于我们对美国文化的背景及其蕴涵并不完全了解，也缺乏必要的体验与经历，甚至对美国文化几乎不识庐山真面目，一时愚昧、无知、局限、盲从导致我们对美国文化的盲目迷信与崇拜，相信美国的月亮比中国的月亮圆得多！于是，在美中城市文化的普遍冲击与冲突过程中，我们的城市信仰、信念、自信与自豪感无形中倒下了。一些城市在主体文化定位方面失去了自我，人们去那些城市旅行、居住或商务派驻也无法发现所在城市的自我尊严！人们似乎以崇“洋”为时尚，尽可能将更多的城市荣誉拱手给美国人。从项目投资者的标榜到新建筑设计者，从流行时装品牌到建筑风格与派头，从五光十色的生活方式到个人及企业背景的炫耀，从茶余饭后的话题到中小学生对未来的向往，无不以美国及美国文化为光环！这些光环可以作为城市的政绩来掩盖城市的自我尊严，也使得年轻一代在那些刺眼的光环下逐渐丧失对本地城市的自信与自豪感。

1978 ~ 2008 年为中国改革开放 30 年，在一个社会侧面可以归纳为中国与美国城市文化冲突的 30 年。前 20 年，中国城市可以被认为是这场文化冲突的“受害者”，因为中国城市复制与留下美国城市的痕迹太重太明显，中国城市被“美国化”覆盖的层面太广。在上海、广州、北京、重庆、南京等大城市，以美国城市中心区（Down town）为蓝本复制的 CBD 从规划格局到建筑形态几乎都被笼罩在“美国光环”之下。难怪美国及欧洲媒体宣称：这是中国城市所经历的一个“美国时代”。改革开放以来的后 10 年，中国城市开始在“美国光环”下清醒，并以自我解放的信念开始寻求摆脱美国城市文化一味束缚影响的怪圈。中国城市所迈出的自信自立步伐首先体现于重新发现自我、确定自我、相信自我与尊重自我，只有消除对美国城市盲目崇拜的消极心理，才可能在中国与美国城市文化冲突过程中重新收复本体文化的领地。

反思与回首 1998 ~ 2008 年这 10 年中国城市在文化定位及文化创意方面的进步，可以发现正是改革开放使得中国城市开始摆脱挫折与徘徊的困惑，从而在适于本地城市科学发展的道路上走向理想目标。

一项乐观预测：在不久的将来，中国城市基于保护本国本地城市文化尊严的立场，将会开始抵制美国城市文化。基于历史的战略视野，中国城市经历 1978 年以来的改革开放尽管曾经走过一段弯路，然而历史的经验与教训使我们更为深刻地认识中美城市文化的区别性，并清晰地意识到只有捍卫本地城市文化的尊严，才可以自立于世界，也才可能在中美城市文化冲突中成为主导者，而不至于沦落为被动的“受害者”——这就是改革开放改变中国城市命运的历史见证。

21 世纪，中国人对美国城市说“不”的时代开始了！

(2) 欧洲

中国近代城市走向国际化的起点、中国城市现代思想的萌芽，来自 19 世纪 40 年代至 20 世纪 40 年代这 100 年期间欧洲城市文化的影响。这种影响早于美国，也大于美国。

第二次世界大战期间，美国参与中国战争（抗日战争与解放战争）使得中国国民对美国的广泛关注度开始超过欧洲。尤其是抗美援朝之后美国对中国所构成的“星月形战略包围圈”，从朝鲜战争、台湾海峡紧张局势到越南战争，中美之间的政治对立导致非常明显的文化冲突：从中国官方舆论到国民观念普遍认为美国文化代表颓废没落的西方，是资产阶级的“糖衣炮弹”，是腐蚀我们健康灵魂的“大毒草”。当时，以“美国之音”为代表的美国媒体向中国发出的信息确实充满诽谤、丑化与颠覆字眼。对此，中国城市（尤其是“文化大革命”期间）几乎完全没有美国文化的痕迹，到处张贴着“打倒美帝国主义”和“美帝国主义是纸老虎”的宣传标语与漫画。

相比之下，从第二次世界大战结束到“文化大革命”结束期间欧洲对中国的不友好“宣传攻势”及其文化冲突迹象远远小于美国。在当时中国人民的心目中，欧洲比美国更遥远！中国人民从解放战争“国民党的全副美式装备”、朝鲜战争的“三八线”、台湾海峡的“第七舰队”到越南战争的“无人驾驶飞机侵犯领空”，认清了美国面目及其扩张文化特征。而中国人民却是从马可·波罗、莎士比亚、巴尔扎克、塞万提斯、黑格尔、伏尔泰、马克思、贝多芬、毕加索认识与了解欧洲。以至于在中国人民的心目中一度形成一种刻板式观念：欧洲代表历史，美国代表扩张与现代。

直到1978年中国改革开放开始，欧洲才以缓慢而又稳重的脚步走向中国大陆。但是，欧洲文化对于中国城市文化的影响力及其一切文化冲突比美国要来得慢、小得多。在中国城市，来自欧洲的商业与电影广告普遍显得温文尔雅、抒情浪漫与柔和婉转，而美国同类广告却永远是那样刺激张扬或咄咄逼人。至20世纪90年代末，中国城市居民并未感到来自欧洲城市文化冲突的压力，只是觉得美国城市文化的影子在我们身边遍地皆是。

当欧洲向中国进一步敞开留学大门之后，当中国向欧洲共同体进一步开放市场之时，中国人似乎才开始意识到欧洲人终于大批进来了，欧洲文化也是大规模长驱直入。美国与欧洲决意在中国城市平分秋色！显而易见，美国与欧洲之间的“文化冲突”终于在中国城市广泛出现。

美国、欧洲与中国之间的“文化冲突”焦点为市场，而市场多集中于中国城市。与当年“八国联军”及欧美殖民者瓜分中国城市领土并掠夺资源异曲同工：前期以武力瓜分“领土”，后期现实是以文化占领及分割“市场”。外来文化主要体现于欧美企业对华经营战略及其品牌的影响力与商务扩张力，几乎任何欧美品牌和商品进入中国市场的前锋都是以“文化”鸣锣开道。譬如，在北京、上海、广州、香港的汽车博览会上，欧洲汽车厂家不惜重金营造“汽车文化”氛围，从本国传统经典艺术到企业品牌宣传创意，给所有参观者以极其强烈的企业“汽车文化”感染力。事实上，“文化冲突”便由此开始：由震撼、羡慕、欲望导致对欧洲汽车品牌的迷信、迷恋与崇拜，无形中拜倒在欧洲“汽车文化”的辉煌台阶下。于是，自信心与自豪感随之流失。从博览会回到大街上，看到那些欧洲品牌汽车是多么神气，何等经典，而国产汽车则显得是那样无精打采，甚至名不见经传——这便是欧洲“汽车文化”在中国城市所发生的“文化冲突”，其中受害者与失败者便是那些自信心与自豪感一时丧失的中国人，他们只是被欧洲品牌文化耀眼的光芒刺伤了双眼，而没有看到本国“汽车文化”的希望之光。

当然，也有许多中国人并没有被欧洲“汽车文化”浪潮所淹没，他们在震撼、羡慕、欲望之上激起好奇、好学与赶超的激情。尽管目前我们或许是这场“文化冲突”中的弱者，但绝不是失败者！中国古语：后来者居上。欧洲的“汽车文化”肯定不是世界“汽车文化”进展的终极，也并非中国城市交通的绝对品牌统治者，中国“汽车文化”崛起的曙光已经开始在世界地平线上升起。

21世纪初，中国人开始蜂拥进入欧洲城市，首先感到从视觉景观、生活氛围到潜意识的“文化冲突”——欧洲人的生活方式如此现代与时尚，为什么城市面貌却是那样古老而充满历史的情调？难道是欧洲人没有财力将城市“旧貌变新颜”吗？难道欧洲城市离现代真是那样遥远吗？回顾我们的城市，历史与欧洲城市同样悠久，人文积淀与欧洲城市一样深厚，为什么中国城市的历史经典不是被破坏就是被扭曲，甚至荡然无存！作为中国城市历史见证的环境、建筑及其废墟几乎都被当作“旧垃圾”而清除一空。难道我们是一个数典忘祖的民族吗？！难道我们的城市甘愿接受割断历史文脉的事实吗？！所有这些困惑与反思都在这场“文化冲突”中得出启示性结论：欧洲的现代与力量起源于欧洲的历史，正是欧洲城市为欧洲历史留下如此丰富的见证，我们才得以发现真正的欧洲；欧洲的魅力与强大凝聚于城市历史文脉，欧洲人的自信心与自豪感来源于城市历史文化潜移默化的熏陶哺育——这正是当代中国人和中国城市所需要的文化开导。

19世纪中叶鸦片战争之后，满清朝廷屈服于欧洲列强的“炮舰政策”，以《南京条约》被迫实现“五口通商”为开端，香港殖民地，上海英租界（法、美、日租界随后建立），大连俄租界，青岛德租界，汉口英、法、德、日、俄租界陆续成为欧洲文化进入中国城市的跳板与桥头堡。由于中国丧失对殖民地与租界城市规划及建筑的主导及其控制权，与此同时，殖民地与租界城市的中国规划师及建筑师队伍尚未形成，从而导致殖民地与租界城市的开发战略、规划思路、布局体系、景观特色至建筑风格几乎清一色为“欧洲模式”。在作为欧洲列强统治殖民地与租界象征的“洋房”面前，中国人的民族尊严几乎荡然无存，从对于“洋房”的羡慕、赞美、膜拜到迷信，殖民地与租界城市居民连续几代人沦为欧洲文化的“精神奴隶”。在19世纪40年代至20世纪40年代100年间殖民地与租界城市文化冲突过程中，在欧洲列强、欧洲商人与冒险家所导入的“欧洲文化”面前，一度丧失民族自信心的中国人不幸倒下，成为发生在中国近代“城市文化冲突”的失败者。

历史的脚步走到20世纪末叶的时代边缘，当年殖民地与租界“城市文化冲突”失败者的幽灵死灰复燃，过去一个时代对“洋房”羡慕、赞美、膜拜与迷信的黑潮在城市房地产市场卷土重来。复制的“欧陆风格”迅速席卷全国，几乎各地城市都将标榜“欧陆风格”的公寓、别墅、会所及其所有公共建筑冠以“洋房”之称。城市当权者居然以本城拥有新一代“洋房”而自豪，暴发户新贵无不以占有“洋房”别墅而倍感至尊至荣；接二连三的“洋房”楼盘与新区广告遍及城市大街小巷，人们甚至欢呼城市迎来了“洋房”的新时代。

这种空前浮躁的“洋房”错觉带给当代中国人极大困惑：难道当年殖民地与租界“洋房”的时代又重回中国？！难道“洋房”等于中国城市现代建筑的方向吗？当今房地产经典的标签难道就只是“洋房”吗？当我们重温中国近代历史，在历史台阶上俯视城市新“洋房”时代的痕迹，不难发现在改革开放30年期间，欧洲与中国城市发生了新一轮“文化冲突”。不过这场

“文化冲突”的主导者并非欧洲人，而主要是来自中国房地产界那些拥抱当年殖民地与租界“洋房”幽灵的商人及其策划者。

进入 21 世纪，中国城市房地产界的“洋房热”开始逐渐冷却，基本原因在于中国城市的主流建筑文化正在摆脱“欧陆风格”的阴影，房地产界业主与策划者的视野开始超出“洋房”的局限——中国人不可能也不应该生活在冒充欧洲文化的复制型空壳里，而应植根于中国城市的文化土壤与风情环境。但这并不意味着我们会排斥健康的欧洲文化，也不回避我们与欧洲之间发生的“城市文化冲突”。因为“冲突”不只是造成两败俱伤，更为积极的时代意义是我们在“城市文化冲突”中可以获得更多的启示与教益，也将会更进一步丰富并独创形成中国城市文化的特色。这个时代“冲突无处不在，良知无所不有”。

(3) 日本

1978 年——中国改革开放的第一年，日本电影《追捕》、《人证》、《望乡》、《绝唱》、《幸福的黄手帕》、《远山的呼唤》陆续进入中国。电影院几乎场场爆满，尤其是一代年轻人沉迷于日本电影的意境，从文化心态到生活价值观念普遍受到日本电影文化的熏陶。当时举国上下无不沉浸于中日文化友好交流的氛围之中，很少有人意识到这种来自日本电影文化的冲击，对年轻一代的精神状态及其价值观，对中国城市文化与生活倾向的影响是多么深远。

以汽车和家用电器率先进入中国市场的日本企业文化，从 20 世纪 70 年代中期开始对中国人民的文化观念及其对日本的重新认识产生冲击性反应。中央电视台在每天黄金时段重复播出广告：“东芝东芝，大家的东芝”；城市街区醒目地段无不高耸着松下、夏普、佳能、日立、索尼、丰田与富士胶卷的巨幅广告。成年以上的中国人充满疑虑：当年我们在军事上打败了日本帝国主义，可是今天，日本人又卷土重来！手上的武器不再是枪炮，而是汽车、电视机、照相机与胶卷。

在我们几乎还没有意识到日本企业文化开始瞄准中国市场大举进军的起步阶段，前锋“武器”正是占领中国城市主要景观视觉焦点的“广告文化”。由于多年来封闭圈以及计划经济体制的局限，我们的国际视野还非常狭窄，以致中国上下对于主导从市场到城市、从城市到国家意识的“日本企业文化”普遍忽视，关于凝聚日本对华经济战略与日本企业文化对中国市场和城市所产生的“文化冲击力”认识也相当不足，从而导致中国城市文化资源、文化特色、文化价值与文化生活一时被日本“经济文化”冲击得七零八落。广州、上海、北京、天津、大连、武汉所有城市交叉口无不树立着巨幅日本企业产品广告，广告词极力美化日本形象、大肆吹捧日本产品功能、一味抬高日本商家的国际地位。几乎所有怀有民族自尊心和爱国责任的中国城市市民对这些广告都非常反感与愤慨。直到 20 世纪末，中国的市场体制、市场意识、市场价值观、全球经济视野及其城市本体文化自立地位全方位建立并升起，同时，中国对日本“经济神话”获得系统透视，中国才开始在城市与市场的“中日文化”冲突过程中赢得主导优势地位。

中日邦交以来的历史事实表明：“中日友好”、“中日贸易”、“中日文化交流”成立与进展的基本前提取决于中日双方对等的实力。或许是由于两国历史文化渊源与同一人种的原因，又由于地缘政治与国际关系的相关因素，中日两国在“文化冲突”方面都极其敏感。在中国人的心目中，日本文化源于中国的观念根深蒂固，日本永远是中国的弟弟；在日本人的心目中，从明治维新开始的“脱亚入欧”到第二次世界大战后日本文化的高速国际化，就已经证实日本早就摆脱了“中华文化”的历史桎梏。但是，国际社会却一致认为日本是一个东方国家，日本在国际文化圈存在的魅力也恰恰是他们所使用的文字、和服、榻榻米、日本料理及其礼仪。而这一切都离不开中国文化的传统影响与传播。

随着中国改革开放的进程，日本发现一个强大的中国正在世界地平线上重新崛起。他们以复杂的心态及充满期待而又妒忌的矛盾心理与中国打交道。进入21世纪，日本的“企业文化”以前所未有的谨慎及柔和姿态在中国城市重新寻找立足点；从大连到上海，凡是日本商人及日本企业高度密集的街巷，都可以发现日本人的表情不再像从前那么趾高气扬，无论是日本媒体还是日本人之间的常规话题，都表明日本正在开始重新认识中国，重新面对中国。日本公司似乎再也不会像前30年那样以“企业文化”冲击中国城市，也无力左右中国城市的文化观念与文化生活，商贸只是纯粹的商贸，不再奢望在中国主流媒体及城市生活主导层面影响中国人的国家意识与生活价值观——显然，日本文化对经历1978～2008年改革开放的中国的影响力逐渐减弱，当年的那些“日本文化冲击力”仅仅成为尘封岁月的历史话题。

近30年来，中国城市向日本城市学习与借鉴到系列环境与空间构成的先进方法，尤其是日本城市经历20世纪60～70年代高速经济增长期之后治理环境、保护环境的经验相当丰富。今后一段历史时期，中国城市之间将会更加拓宽文化交流领域，然而，中国城市不会在文化形态及文化价值观方面模仿日本，也不会在城市形象方面盲目复制日本。因为，今天的中国城市已经明显意识到在世界范围内与日本城市区别并存的历史意义。

(4) 香港

1997年香港回归之前，中国内地城市居民对香港普遍抱有陌生与神秘感。

1978年改革开放初期，中国拍摄了几部与香港情节相关的电影，凡是银幕上出现的香港街区处处充满了纸醉金迷、靡靡之音。在当时中国内地人民的心目中，香港就是一座资产阶级腐朽城市。

在中国城市居民普遍穿着中山装、学生装和工作服的大街小巷，人群中突然出现了身着考究名牌西装或夹克的不速之客，他们拎着精致的手提箱或皮包，油头粉面、皮鞋擦得铮亮……嘿！这就是港人！港佬！港商！

全国各地城市首脑争相接见港商，天真的城市干部相信港商的手提箱装满了钞票和无数投资计划，只要港商略为施舍便可以使我们的城市旧貌变新颜。当然，作为城市高级宾馆座上宾的港人、港佬和港商操一口蹩脚的广东普通话喋喋不休地吹嘘香港如何繁华，从双层巴士到港岛维多利亚海边夜景，从海洋公园到山顶别墅，香港人真是生活在天堂里……

正是这些香港人将香港城市文明通过各种途径带到大陆各地城市，“蜡烛台楼盘”打破了内地城市传统的居住街巷格局，眩目刺眼的玻璃幕墙取代了地方城市作为历史见证的砖墙石壁；

川流不息的高架路淹没了城市街区居民的阳光，纵横穿插的广告牌遮挡了蕴涵城市文化特色的轮廓线……其实，随着中国内地城市“香港化”的日益广泛普及，香港与大陆城市之间的“文化冲突”日趋明显——难道中国各地城市走向现代化之路仅仅是“香港化”吗？！为什么银川人、西宁人、齐齐哈尔人、乌鲁木齐人、洛阳人、重庆人、赣州人、桂林人要模仿并照搬香港人的生活方式呢？！

随着改革开放的不断深入，越来越多的大陆城市干部去香港考察，越来越多的大陆城市居民去香港旅游，与此同时，也有越来越多的香港居民到大陆各地旅游，直到此时，香港民众才发现自己对中国内地多么陌生，内地真是太大了，香港文化永远不可能覆盖大陆各地城市自己的文化；而大陆城市干部与市民也终于开始发现一个真正的香港：正是香港的土壤孕育了香港城市文化，香港的一切只是属于香港，也就是说银川、乌鲁木齐、拉萨的一切只是属于银川、乌鲁木齐、拉萨。天各一方，各行其道。

中国改革开放30年的基本记录正是各地城市与香港交易、交流、交往并发生“文化冲突”的缩影。香港作为一座经历一个半世纪英国殖民地统治的城市，尽管在1997年回归中国并实现“一国两制”，但城市文化基因仍然保持着自己的某些东西方文化混合元素，这种文化基因在“一国两制”的香港拥有自己的生命力并将会在这片土壤茁壮生长，但是一旦移植并照搬到内地城市，或许就会萎缩甚至夭折。

今天站在内地城市的立场反思与香港之间的城市“文化冲突”，我们并不认为前景多么悲观，恰恰相反，正是改革开放三十年来的城市“文化冲突”使内地各地城市与香港彼此之间有了更清晰更客观的认识，尤其是内地城市在“文化冲突”的经验教训基础上建立了理性与科学的城市发展观。我们需要向香港学习，但是不需要复制香港；我们需要来自香港的投资，但是不需要来自香港的“文化取代”。同时，香港方面也已经充分意识到香港文化绝不是中国各地城市的“救世主”，“香港化”永远也不会是中国各地城市现代化的翻版。

在今后的岁月里，香港与内地各地城市之间的“文化冲突”将会持续存在。一系列“文化冲突”将会使得未来中国城市版图色彩日益丰富，也将造就更为丰满与独特的中国城市形象。

(5) 上海

1991年，获柯达公司一项关于国际城市形象课题研究赞助，我辗转上海大街小巷3个月拍摄近3万张城市景观图片。其中，发现联谊大厦、文汇报大厦、电力大厦、花园酒店与新锦江饭店成为浦西5座引人注目的高层建筑，在民间却充满系列非议。

1992年开发浦东拉开历史序幕。当时，上海城市规划及建筑界的学友提出一项假设性观点：如果将未来的高层建筑群集中于浦东布局，而浦西尽可能保存历史街区的尺度及氛围，那时上海将以何种城市轮廓线立于世界城市之林？

时至2007年6月，近4个星期得以连续饱览浦东浦西上海作为“国际化大都市”风光，由衷的赞叹、深沉的感叹之余，又有一些惆怅与反思。

出虹桥机场上延安高架进入人民广场市中心区，一路上千姿百态的高层建筑群尽收眼底，给海内外几乎每一位城市规划及建筑界人士极其强烈的视觉冲击性感染！这是当今世界独一无二的城市风景线！即使是纽约、东京甚至香港，就高层建筑形态的现代时尚性与上海相比也似乎为之逊色。

(6) 台湾

20 世纪 80 年代，中国政府以宽宏大量的开明政策欢迎台湾同胞回祖国大陆发展。

怀着各种复杂心态的台湾同胞开始陆续进入祖国大陆。

海峡两岸隔绝 30 年的中国人互相投以好奇与审视的目光。大陆的中国人看见台湾同胞住高级宾馆、乘高级轿车、频繁出入高档商场挥金如土，认为这些陌生而又熟悉面孔的台湾同胞要么是有钱人，要么就是“台湾特务”。而台湾的中国人多以傲慢的姿态轻视大陆中国人的“落后”与“贫穷”，处处以“投资救世主”面孔迷惑与诱惑那些“求投资心切、求政绩心切”的地方城市干部为各项条件（其中有大量不合理不合法要求）开绿灯。

一些台湾的中国人在祖国大陆到处吹嘘台北的城市建设是多么现代！更有一些冠以学者头衔的“台商”向祖国大陆城市主管干部进言：“台北就是大陆城市现代化的模式与榜样。”

当祖国大陆城市主管干部以有限的考察交流机会到达台北，发现眼前的一切并非那些冠以学者头衔的“台商”所言，百闻不如一见，没想到台北竟然如此如此！回程途中无不断言：台北只是台北，并非祖国大陆城市现代化的楷模。

当然，让台湾的中国人非常自豪的国粹建筑是圆山大饭店。这是一座从布局到外部形态构成、从神韵到室内氛围都力求体现中国传统精神的民族建筑，来自大陆的中国人也曾经对圆山大饭店予以由衷的赞叹，可是，内心深处的意念却是另一种情节：圆山大饭店坐落于台北，但不仅仅限于台湾省，而是属于中国，这是一座拥有中国传统境界的中国建筑。然而，台湾城市的现代建筑风格趋势却与“圆山大饭店”背道而驰。

不可否认，台湾的“城市文化”随着各种投资渠道和商业项目广泛渗入祖国大陆城市。有关部门严格审查了“台商”投资项目的商业程序，却忽视了对一些夹杂“台湾文化”（一些相当低俗和颓废的城市文化）商业项目的预测性评价，更忽视了在保护本地传统与健康城市文化基础上对于那些包含低俗颓废城市文化商业项目的把关或抵制。结果是只要是能够引进“台资”项目，城市各级部门全线畅通。

进入祖国大陆城市投资的“台商”层次逐步改变，近年来，一批对于祖国大陆城市历史文化有相当研究或有相当人生经历体验积累的高素质“台商”开始投资城市级科技商业项目，从尊重当地城市文脉与城市经济发展模式入手注重项目的城市健康文化含量，对地方城市文化产生正面影响，受到各地城市的认可与好评。

中国改革开放 30 年，也是海峡两岸的中国人在思想意识、文化价值观、经济目标、生活方式、行为准则发生“冲突”的 30 年。正是一系列“冲突”使得海峡两岸的中国人彼此之间的隔阂逐渐消除，心灵空间接触的距离日益缩短。

不可否认，台湾的一部分人曾经受到日本 50 年殖民统治文化潜移默化的影响，他们对中国大陆的了解、认识与评价相当局限，甚至带有很多偏见，以致成为他们在中国大陆发展的种种障碍。台湾的另一部分中国人是20世纪40年代末期从中国大陆去台湾的国民党军人及其家属，他们在当地获得“外省人”的称号，这些中国人几乎每个人都与中国大陆有着血缘及其纵横交错的社会关系。当他们重返中国大陆之时，面对眼前的巨大变化无不感慨万千。在盛情款待的团圆宴会散席之后，一旦进入商业项目运作过程，商业至上导致的各种“冲突”与矛盾便开始影响曾经是团圆的亲情与人事关系。这些“冲突”在海峡两岸中国人之间是不可避免的。

目前，来自台湾的中国人已经逐渐融入中国大陆社会，无论在创业还是在学术领域都涌现出一批佼佼者。来自台湾的中国人的杰出业绩与表现使大陆中国人对他们有了新的评价——同样受到中国传统文化的熏陶，海峡两岸的中国人经历了改革开放30年的“冲突”风浪之后，迎来的将是雨过天晴的前景。

(7) 结语

回顾改革开放30年中国城市化导致“文化冲突”的历程，再以科学发展观预测展望未来中国城市化进程，思考层面推导出下述论点：

A．城市化意味着中外“城市文化冲突”长期持续存在

中国绝非关起门来实现国家城市化，在当今全球化时代，具有中国特色的城市化已经融入世界城市化潮流。

中国城市与国外城市之间、中国各地城市之间所进行的交流与合作全方位伴随着“城市文化冲突”。城市之间的区别与差异是产生“城市文化冲突”的前提，因为每一座城市拥有自己理想、目标与文化价值观，而且每一座城市都在建立自己的文化信仰及其城市坐标系，没有一座城市甘愿承认自己的落后和愚昧。因此，尤其是正在寻求社会主义特色的中国城市对于城市化的速度与程度“期望值”越来越高，所有“期望值”都来自“城市文化冲突”的创意与争鸣。

对于中国社会主义特色城市化理解的基点有必要置于“城市文化冲突”的焦点上。当我们的城市信仰、城市观念与城市战略在世界“城市文化冲突”的格局中获得立足之地时，中国城市的文化特色与和谐局面方可存在。

B．中国城市化的前提是首先注重“城市文化”

1966～1976年的中国“文化大革命”给至少三代中国人的“文化观念”留下深深的烙印。

突然之间从封闭到开放，“文化大革命”结束后至少15年间，从政府官员到普通市民普遍潜意识对“文化”的直觉到定义仍然习惯于以“阶级”划分：无产阶级文化是先进文化，无产阶级文化是世界上最健康的文化，无产阶级文化是充满希望的文化；资产阶级文化是颓废文化，资产阶级文化是世界上最腐朽的文化，资产阶级文化是穷途末路的文化。20世纪80年代中期对“资产阶级自由化”的批判显示出上述概念在当时存在迹象。

文化存在阶级性吗？无产阶级文化与资产阶级文化的区别性究竟如何体现？

将历史视线转移到20世纪80年代的中国城市与建筑界，显然对于“城市现代化”和“建筑现代化”的观念以及实现上述宏伟目标的具体方法不明确、不到位，以致在当时的一系列城市规

划中体现“现代化城市格局”只是以冒险与“破旧立新”方式出现全新布局：抛开历史旧城区“包袱”，或者拆除成片“老房子”而另起炉灶，在城市旧区边缘或外围寻找突破口拓展新区。

发生于20世纪50年代以来中国城市体系的“文化冲突”，是中国城市历史的延伸，在不同程度上体现出各地城市文脉的延续；改革开放30年的中国“城市文化冲突”比过去任何一个时代都更为加剧，这是历史的必然。只有正视并且不回避发生在我们身边的“城市文化冲突”，才会有真正的城市文化创新，也才会建立真正的和谐城市。

2）建筑文化冲突

2004年9月，中国文化界与建筑界同时发生一起引人注目的历史性事件：以“无止境”为主题的建筑艺术双年展在北京人民大会堂宣告揭幕。于是，中国建筑史上史无前例的第一次国际性建筑艺术双年展在北京如期举行，圆满落幕。

在人类知识的基本定义序列，建筑本来属于文化范畴。但是，若干年来，中国建筑与文化逐渐脱节……直到2004年9月，建筑与文化终于在北京双年展久别重逢。

仅仅限于中国历史，任何带有历史见证与记载意义的事件出现，无不夹杂电闪雷鸣及风风雨雨，必然承受历史长河大浪淘沙的洗礼，或夭折，或幸存。2004年北京建筑艺术双年展从一时低潮到“如期举行”即为其中一例。

当一项主题为“无止境”的建筑艺术双年展在北京酝酿以及冲出古老的华夏地平线之际，中外建筑师从四面八方云集北京，满怀期待、多边交流、编织希望、憧憬未来……

但是，或许有人对于2004北京建筑艺术双年展的真实性及历史意义难以置信，或者对于参加此次双年展的中外建筑师报以观望甚至视而不见……其实，所有曾经与此相关的“是非”显得多么不值一提。因为这个建筑世界太大，建筑界人才及作品是山外有山、天外有天，建筑创作“无止境”，人才辈出也是“无止境”。

存在即为存在。建筑艺术双年展成功举办，揭开中国建筑史上国际交流方面新的一页，这是值得确认与纪念的历史性事件。

好在首届建筑艺术双年展的主题“无止境”意味深长：交流建筑思想、展出建筑作品、发现建筑新人、探索建筑之路——不是一代人或几代人的事，或许需要几个世纪。

(1)建筑艺术，在国际交流过程中发现“无止境”

起源于内陆城市体系的中国建筑文脉，当积累形成本体《营造法式》之际，由于国家体制及其民间技术体系传播与交流局限，一度自我封闭与徘徊相当长的时间。

考证1949年以前的中国历史，没有“建筑师”这一职业；即使作为“匠人”，也从来没有一次全国性的建筑行业“交流会”记载。

从准封建社会到半封建半殖民地社会，真正属于中国的“建筑师”与“建筑艺术”在国内国际学术交流领域几乎是空白。

有“建筑”无“学”、有“建筑”无“建筑师”、有“建筑”无“建筑艺术”——这是中国古代建筑文明的一片阴影。

切开中国历史的任何一个横断面，可以发现无数“文人相轻”、“同行是冤家”的灰色时代斑点，同行业内“各人自扫门前雪，莫管他人瓦上霜”——这种“心态”至今是否仍然像幽灵徘徊于古老的中国大地，而且就在今天，就在我们身边?

即使是“建筑师”职业及其群体于20世纪90年代开始在中国出现以来，“建筑师”以作品展进行国内及国际性交流也未能全方位进入运行轨道。

我们为什么需要交流?国际性交流的意义究竟是什么?

一个人、一个群体、一个民族直至一个国家，如果不与外界进行接触与交流，势必在孤陋寡闻的状态下夜郎自大或固步自封。当人类以信息网络与快速交通缩短所居住星球的时空距离之际，突然发现，广泛而平凡的接触、交流显得非常普遍与必要。

我们从何处来?他们向何处去?香港建筑师如何在弹丸之地营造高密度城市空间?伦敦、巴黎、巴塞罗那与柏林的城市景观为何风格差异如此明显?为什么日本如此固守本国的建筑文化及技术体制?美国东西海岸存在两种完全不同的建筑体系吗?究竟如何以现代建筑与城市基准评价巴西利亚……

无数困惑与疑问导致世界各国建筑师之间产生希望接触与交流的愿望，双年展正是为建筑师提供了一个便于接触与交流的“平台”。

建筑师及其作品是不同文化环境所孕育的产物。不能孤立地看待一位建筑师作品的技术成分，更为必要的途径是通过“展览”、“会议”、“考察”与“体验”去了解潜藏于建筑师作品后面的文化背景。

任何一位建筑师的作品都是经历与信仰在峥嵘岁月的交织沉淀。从本质与现象综合体系扫描透视，构思并非无缘无故及无中生有的悬念，风格就是建筑师的个性与气质写照——与此相关的“神话”与“神秘”在双年展的彼此接触过程中得以逐步释放与解析。

2004北京建筑艺术双年展使我们意识到中国建筑师已经确实开始进入跨建筑文化比较与交流的时代，我们在各展厅看到的不仅仅是外国建筑师的设计作品，更为切实重要的感受是我们进入了系列异文化环境，包括境外建筑师所在国家的体制、文化背景、建筑制度、传统、语言、习俗、价值体系、生活方式以及精神状态等等，这些因素累积形成各种建筑文化的特征，并且从表层及其内涵综合体现建筑师的创作心态、行为与过程。

与其说是我们在双年展上接触到中外建筑师的设计作品，不如说是透过序列作品感受到中外建筑师之间明显的文化差异。因为各位建筑师在不同国家、不同家庭、不同社会以及文化背景中成长，每一项作品都带有建筑师的经历、价值取向及其文化与技术底蕴的信息。正是由于这一系列差异明显存在，我们才会意识到自己在大千建筑世界所在位置以及应该在什么位置。

差异体现为中外建筑师之间的意识形态、艺术哲学、设计方法以及生活价值观的区别性，其中最为引人注目的焦点是由不同文化背景所孕育的“文化观点”问题——传统究竟是什么?现代与传统之间是否对立、是否存在界限或者是否应该寻求共同协调的和谐条件?其实，这些问题在首届双年展上已经得到讨论与关注。

2004 年 9 月 16 日，设计“北京国家大剧院”的法国建筑师保罗·安德鲁（Paul Anderu）先生在首都剧场“双年展论坛”上介绍了自己的建筑哲学与设计方法，可是，安德鲁先生全篇讲话只字不提“北京国家大剧院”。话音刚落，立即受到清华大学建筑学院一位女学生的质问：“安德鲁先生，在国家大剧院这个项目当中，你刚才所谈的‘无止境’，是不是说国家大剧院已经突破了周围那些建筑文化的传统？可以解释为对于这种‘止境’的突破吗？是否完全不受周围文化的传统还有其他一些模式的限制？”

安德鲁先生回答：“……的确是这样，国家大剧院在很多方面有自己的特点，无论是结构、形式还有建材等等这些方面与其他的建筑有所不同，和故宫里面的建材还有设计都有很大的不同，但是我们总可以找到一种方法将这些因素能够融合在一起。尽管我们的语言不同，但是我们能够互相地交流，我也承认这个建筑可能是和中国人文的结合方面有很多不同，但是我自己还是有信心能够结合得很好，我们希望在这一点上能够表现出最佳的一个效果。我不会模仿别人，也不会把它设计得非常突出，我会考虑到周围的街道与建筑，彼此将会达到一种很好的结合。我认为有些建筑师的一些建筑作品和周围的人文环境不太符合，无法代表这个地区，这不是一个好现象，我认为国家大剧院还是能够与周围环境结合在一起，能够代表这个地区的新建筑文化。我认为，国家大剧院这样一个比较大型的、很重要而又很有特性的新建筑和天安门会完全不一样，你去天安门的时候，可能在天安门城楼上也看不到这个建筑，你看到的可能是故宫或其他建筑，这个建筑也许不会进入到你的视线。当你走进故宫的时候，是一种传统文化的感觉；但我坚信国家大剧院一旦完工，当你走进这个建筑时，将会有一个现代的建筑感觉。”

当天傍晚，我乘出租车去西单途经国家大剧院工地北侧长安街。司机突然指了指左侧尚未完全拆除脚手架的大剧院，问我：“同志，您知道这盖的是个什么房子吗？”我说：“国家大剧院。”司机说：“咳！我今天拉了 13 个客人路过这儿，有 10 个客人说是个蛋！另外两位说是个水壶，剩下一位说这座建筑太像墓，哈哈……”

任何一项公共建筑设计作品问世，所接受的检验与挑战首先在于公众参与和评价，无论是来自专业或非专业的直觉与意见对于考察建筑师创作的结果非常必要。因为，国家大剧院在长安街上，在天安门广场西侧一处众目睽睽的公共场所，公众由联想、感受与类比所产生的观点在普及层面证实这座公共建筑存在的意义。

在从封闭走向开放的一个特定历史时刻，一个极其渴望快速实现现代化、在建筑与城市开发方面急于“与国际接轨”的民族毅然接受了保罗·安德鲁提出的“国家大剧院”方案，在世界建筑地平线上可以看出中国文化博大的胸怀；伟大建筑通常缘起于伟大人物的决断，至少世界媒体在评论与报道中已经意识到中国对于“现代”的理解和探索是多么拥有自己的眼光及其气魄。

然而，国家大剧院现状带给人们的形态构成视觉联想、周边环境视觉反差以及内部空间预感憧憬，已经成为中国社会一个引人注目的话题：在一个发展中国家，以如此投资规模建这座大剧院是否适当？在一个拥有深厚传统意识的国度，建筑通往“现代”之路难道只有大剧院这一条优选途径吗？如果这座建筑不是建在这里，而是置于北京市内离故宫远一点儿的地方，那效果将会怎样呢？500年后的中国人将如何评价这座建筑……

解读保罗·安德鲁关于国家大剧院的设计构思，可见他以圆形主体建筑与周边环境形成柔和对应，将周边建筑群复杂微妙的视觉因素以圆形大空间予以“淡化”、“减弱”甚至“消失”，试图以视觉对比手法缓解“现代”与“传统”之间的矛盾。来自于空港空间构成方式的内部“孵化式复合型空间”手法并无明显独特性，建筑的安全性及其能源消耗状况尚有待运行之后考察。

在首届建筑艺术双年展“A1”板块展厅，我们看见保罗·安德鲁先生为构思国家大剧院所设计的数十幅草图，仔细留意，发现这些草图只是局限于对于建筑本体的推敲（当然这种推敲过程十分必要），但是很遗憾，竟然缺乏对于这座建筑与周围环境在城市设计层面的草图分析，很难使我们了解与信服安德鲁设计国家大剧院过程对于城市文脉及其环境基本因素的尊重。位于北京如此敏感而又核心地段的国家大剧院并不同于安德鲁以往所设计的任何一座空港。在一片旷野，空港候机楼尽可以自行其是、标新立异，可是，在北京市内的心脏街区，近似沿袭一种空港设计手法在一座古城核心区建筑群中设计国家大剧院，这种“现代”对于中国人而言是否拥有说服力？

(2) 太阳照耀着宫殿，也不曾避过草屋

建筑师追求的目标是“人格的尊严与作品的真实”。

对于一切拥有坚定理想与抱负的建筑师而言，再也没有比“人格的尊严与作品的真实”更为珍贵的建筑人生纪念。

尽管国家或地域文化背景相异，各国建筑教育体制及其建筑师成长途径各有千秋，但是，“人格的尊严与作品的真实”超越地理与政治的边界而为全世界建筑师的共识。

然而，中国社会某些现实却扭曲了中国建筑师“人格的尊严与作品的真实”。在一系列商业性项目前期概念性规划与建筑设计阶段，建筑师与业主之间的系列沟通障碍主要体现为“艺术”与“利润”之间的冲突。基于基本功能而追求纯粹的建筑艺术往往得不到关注与认可，否定理由十分简单：现在还不可能拿出钱去搞什么纯粹的建筑艺术，什么能赚到钱就上什么“设计”。项目业主方或个人的非理性苛求、商业张扬一味至上、模仿跟风陋习扼杀了建筑师的创作信念与职业良心。更为普遍的流行方式则体现为业主肆意改变建筑师的设计意图与风格，基调与质感变态，导致建筑往往失去原创的真实感。

近年来，一批批外国建筑师进入中国，在设计理念、设计方法、组织管理以及实施技术方面与中国建筑师之间进行合作交流，获得实质性进展。然而，在相当层面的决策与管理者方面却往往过于“长他人志气而灭自己威风”，在媒体宣传、方案评审、项目委托以及设计费支付标准方面出现明显的“重外轻内”倾向，这有损于中国建筑师的民族情感及人格尊严。

其实，许多外国建筑师来中国，他们中绝大多数人首先想到的是如何与中国各地建筑师进行友好交流；他们认为进入信息时代的各国建筑师都是资源共享、各有所长，只有在人格平等、互相尊重的前提下才能进行合作与共事。

在2004北京国际建筑艺术双年展期间，许多参展的外国建筑师表示并非仅仅是为了表现自己的作品，更为有意义的事情是在双年展期间可以直接听到中国建筑师的声音、了解中国建筑师的设计动向、寻找中国建筑师中合适的交流与合作伙伴。

设计观念、设计方法与设计体制方面的差异成为中外建筑师之间交流与合作的触媒。事实上，中国建筑师对于国外建筑师仍然缺乏整体上的交流与了解，拥有深度与广度的建筑文化交流相当贫乏，对于其作品的实地考察更显得相当不足；此外，在职业心态方面过于迷信那些所谓“大腕”或“大设计公司”，无形中弱化了对于本国建筑文化、本体设计信念以及设计建树的自信度，逆来顺受、忍气吞声，盲目的自卑心理压抑或埋没了中国建筑师的正当职业理念与诉求。

2004北京国际建筑艺术双年展提供了中外建筑师面对面接触与交流的平台，在作品展出序列与系列学术交流会议组织方面为中国建筑师赢得尊严并重建自信心。展出中国建筑师作品序列，不仅有在执业生涯辛勤耕耘数十载的老一辈建筑师，也有初出茅庐的建筑新秀；不仅有海外留学归国的探索型建筑师，也有长期作战硕果累累的一线设计中坚。置身于一个开放与透明的作品并置空间，中外建筑师在同一地平线上展示自己的设计经历、诉说自己的设计故事、彼此平等交流设计心得与方法。孤立与封闭使尊严与自信心在狭隘的“圈内”往往被挤压得扭曲或变形，只有心态开放并在开放的接触交流过程中才能发现自己的弱点与强项。

保持尊严与建立自信的基本途径就是发现自己的弱点与强项，并且不断克服弱点，努力保持强项。

(3)群星不会在同一夜晚发光

每一位建筑师都是一颗星。

每一颗星都拥有自己在宇宙的位置。

每一颗星都以自己的运行方式存在于宇宙。

无论是恒星、行星还是流星，都在数十亿年前宇宙大爆炸后进入不同的星系。

目前人类所发现的星系至今还相当有限，或许还有更多的星系未能闪现到我们的眼帘。这一切只能使我们感受到宇宙浩渺无限。

2004年北京国际建筑艺术双年展使我联想到宇宙群星。

“地球时间”的此刻，作为“恒星”的建筑师在地表日渐稀少，绝大多数建筑师都已成为独来独往的“行星”，而且质量越大的“行星”运行越频繁，距离也就更远。至于那些国际知名大师——“明星”，其神秘的运行轨迹已经变得不太神秘。

尽管黑洞吞噬了（或正在吞噬）无数无辜的行星，但是却阻止不了更多新星的诞生及其运行。

如果将国际建筑界比喻为宇宙，那么中国建筑界则是太空的一片星云。居于世界前列的人口资源正在生成世界最大的“建筑新星群”。

“星云”寓意为“中国建筑新星群”的集合象征，而首届建筑艺术双年展则是这片“星云”运行轨迹的瞬间显示。

信息均质化时代导致信息垄断局面逐渐结束，寓意为“中国建筑新星群”的“星云”与发达国家建筑师的“星云”已经接近，在某些领域甚至一时并列平行。没有任何迹象显示一片片

“星云”在宇宙的固定位置，因为一切都在瞬间移动。

“星云”在飘浮移动中将会出现互相渗透与碰撞，意味着各国以及建筑师群体之间建筑信仰与建筑哲学的融合或冲突。从首届建筑艺术双年展的作品可以看出，尽管设计及其表现方法已经相当接近，但是设计哲学所体现的建筑师的文化意识与见解仍然存在明显“区别”。

仅仅从展出作品的有限资料可以看出，中国建筑师与国外建筑师作品之间的“区别性”体现为以下几点：

①功能空间：组合逻辑的程序与非程序；

②结构体系：系统连接的界面与非界面；

③建筑形态：虚实关系的均衡与非均衡；

④材料选择：地方质感的回归与国际化。

“区别性”将会在建筑文化冲突过程中永久存在，对于保持世界建筑文化的相异价值趋向是完全必要的前提条件。

无论进入或未进入首届建筑艺术双年展的建筑师，都是世界建筑星空中的星星。由于地球表面的云层变幻，我们不可能看到群星在同一个夜晚发光。

(4) 均质化时代交响乐的前奏

世界建筑信息的“超国界均质化”与“同时刻共享性”将各国建筑师的距离拉得更近，加深了各国建筑师之间的了解，同时也进一步加剧彼此之间的设计竞争强度。

关于设计理念的一切都不再显得那么高深莫测——因为神圣的理念一方面被世俗商业化，同时，广大执业建筑师或许并不太愿意将时间消耗于对理念的咬文嚼字过程。

关于设计方法的“难度”似乎以片刻交流即可以诠释化解——建筑师对于设计方法的理解千差万别，现在几乎没有被公认的高超设计方法，因为大家都各有一手、各行其道，甚至身怀绝技。

设计表现风格日趋多元化，商业性“高端作品”很难获得普及性认可——现代人对于随大流的庸俗建筑已经麻木，而在商业炒作上红得发紫的建筑（或社区）却被看成是迟早将会被清理的建筑垃圾。那么，人们到底需要建筑师何去何从?

事实越来越明显，那就是“建筑思想革命”。

中国必须经历一次深刻的“建筑思想革命”！

只有“建筑思想革命”才能在这个信息泛滥以及信息麻木的时代给人们以刺激和震撼，或者说社会也只有经历“建筑革命”的洗礼才会对建筑师及其作品产生真正的关注。

中国的“建筑思想革命”刚刚从“观念”开始。

一批建筑新人将在“建筑思想革命”的疾风暴雨中锻炼成长、脱颖而出。

可是，在国际建筑界，一些纵横全球的“通用型建筑大师”却在逐年减少，因为造就此类“大师”的时机正被“均质化设计作业时代”取代。“大师”正在被这个来势迅猛的“均质化设计作业时代”挤压，主流层面建筑师通常以高起点与高标准评价“大师”的作品，由于思考点日趋接近而导致“构思撞车率”大幅攀升。其实出自此类“大师”之手的作品未必个个都是惊人“绝笔”。于是，群雄并起的列强阵营正在对此类“大师”展开日渐广泛的挑战。

“大师”的卓越在于领先的思想与独特风格，技术是实现“思想”到“风格”的手段。那么，究竟什么是领先的思想？而领先的思想如何超越国界而为世界建筑师所公认？或者说，某人领先的思想能够得到不同民族与不同建筑理想的民众的共鸣吗？其实，这一切都是日渐模糊的未知因素。此外，“独特风格”的创意及其表现似乎越来越简练与单纯，但更多的“国际化信息”是否会遭遇拥有深厚历史积淀的地方社会抵制？而且这种抵制往往是地方社会反对“文化全球化”以及“文化压制”的合理行为。

从 2004 北京国际建筑艺术双年展的展出与交流效果可以发现，风格比思想更为引人注目，而思想交流却显得苍白。一方面，展出的形式注重风格，同时，参展建筑师，尤其是“大师”的建筑思想从展示到交流都存在相当局限。

解决“交流局限”的出路之一在于更为普及性的传播、展览、阅览、体验及其相关网络系统。

网络时代与“均质化创作时代”同步平行。

此后的趋势——世界各地“无网不在”——意味着均质化时代的建筑师将普遍卷入“超国界均质化设计”潮流。

现在，信息通过网络系统为人人平等分享，每一位建筑师都认为自己“身怀绝技”而无敌于天下,从以往对“大师”的盲目崇拜到如今个人作品至高无上的“目空一切”——并非局限性自信，也不是自以为是的颠狂，而这一切已经成为全世界建筑师的“通病”与“共性”症候。

信息的均质化进一步强化建筑师的执业自信。

我们的思想不再被任何显赫的理论所奴役，专业视野再也不会被“大师”的高大身影所遮挡，原来每一位建筑师都选择了属于自己的适当位置，而每一个位置都可以积累形成自己的作品王国。

但是，区别性将会继续存在。尽管世界各国建筑师之间在掌握设计方法体系方面的差异正在日益缩小，然而，由于文化背景以及所处社会环境的区别，同时由于每个人所面临、所接触以及所选择的机会各异，因而建筑师的作品层次、作品素质以及作品影响力仍然会继续出现非均衡、非均质状况。

2004 北京国际建筑艺术双年展与其说是中外建筑师的作品汇集展示，不如说是通过这个平台为中外建筑师提供了广泛交流的机会，也是全球性建筑“均质化”进展的缩影。外国建筑师觉得中国建筑师的整体素质正在普遍提高，而且在对应地域建筑设计体系方面已经初步形成自己的哲学与方法。中国建筑师则认为“我们与外国建筑师的距离已经接近，而且相当接近”。有人说，只差一步！这“一步”明显地意味着“思想”、“技术”与“风格”仅仅一时所存在的距离。

从展示的作品发现，中国建筑师的作品在总体上处于一个“探索性过渡期”，不能用“现代与传统”以及“幼稚与成熟”来简单界定,因为其中的内涵极其丰富。拥有三个时代背景（20 世纪 50 ~ 60 年代、70 ~ 80 年代与 90 年代毕业）的建筑师之间显然存在思想与风格的区别，一切都曾经“存在”，新生代建筑师的作品也正在进入今天的“存在”。外国建筑师或许并不了解中国建筑师及其作品“存在”的方式、过程及其价值，仅仅从表面评价是完全表面化的片面见解，究其内在的意义与价值，正是这一系列出自三代中国建筑师之手的作品从历史意义上体现出 20 世纪中叶至 21 世纪初中国现代建筑体系诞生与“存在”。

无论国外建筑界如何看待与评价，我认为：“存在”就是我们的历史价值与学术地位。完全没有必要自卑，首先，我们必须自己承认并坚信自己的“存在”。

在 2004 北京国际建筑艺术双年展上中国建筑师的作品与外国建筑师的作品并列展出，恰恰说明中外建筑师作品在同一地平线上“存在”。

(5) 从同一地平线进入同一起跑线

20 世纪末叶，中国对外开放使得经济实力开始增长，但从整体性及系统性方面与发达国家相比仍然存在一定差距。一时经济基础薄弱以及文化意识的混沌状态必然导致对外界所谓“先进建筑文化”的盲目崇拜。于是，这个时期中国建筑的主导模式并不明确，还未形成与其他现代建筑与城市文明体系相抗衡或冲突的整体阵容性实力。

中国建筑师已经意识到这一点。2004 北京国际建筑艺术双年展的中国建筑师群体亮相，外界评论认为与其说是“A1 板块”作品展示，不如说是一种“中国新建筑体系”的诞生。

这是一种“文化力量”的象征，也是一项“文化特征”的显示。

并不十分刻意展示作品的“包装程度”，甚至也不会过于计较其实施的可行性，重要的是从中国建筑师作品中所衍射出来的“建筑思想”——已经开始包容 20 ~ 21 世纪 50 年期间欧亚大陆东部建筑文脉的主体元素。

21 世纪 10 ~ 50 年代，随着中国国力的增强以及整体文化素质的提高，代表 21 世纪中国建筑与城市文明体系开始形成的“成熟期”即将到来——那时，中国与其他建筑文明（尤其是欧、美、日建筑文明）的交流将全面普及，但是建筑文化冲突仍将不可避免。

建筑师思想与作品体系形成的过程累积成个人乃至国家建筑文化的“尊严”。在世界建筑领域，各国建筑师毕生都在追求以思想与作品体系形成自己的“建筑文化尊严”。或许某些境外建筑师的作品迎合境内部分高层人士，但实质上其作品深沉内涵及其技术模式完全自行其是，真正尊重中国地方乃至国家“建筑文化尊严”的作品实属罕见。中国一些决策层曾一度寄希望于外国建筑师以所谓“超现代作品”加快实现所在城市及地区的“建筑文化尊严”。然而，事实并非如此，相当数量的“超现代作品”并未融入地方文脉。在拥有强烈历史感及民族自尊心的中国，未来特定历史时刻对于某些“舶来建筑”的“历史性清算”在所难免。

——这是中国国情，也是中国历史的必然。

我们只有在了解我们不是谁，并常常只有在了解我们区别于谁时，才了解我们是谁。

在 21 世纪初这一段历史区间，各地域建筑与城市状况事实上不仅代表各地域文化特征，而是各种族及各行政单元的政治；全球各地域单元建筑与城市进展归结为各文明体系的政治。

进入 21 世纪，透过 2004 北京国际建筑艺术双年展可以发现，中国与其他建筑文明的交流与冲突已经悄悄地开始。文明冲突的极端将体现为政治形态，目标是顽强地寻求和保护本国、本民族以及本地域文化特征——我们可以有选择性地接受欧美日的建筑技术硬件，但却没有必要也不再会盲目地模仿和复制他们的表层建筑文化形态。

在世界建筑地平线上，中国的国家政治急需要体现“中华文明”的新时代建筑与城市形态——这正是在世界文化格局中对抗“西方扩张”的一个重要“阵地”，因此，国际社会及国际建筑界非常关注中国建筑与城市的新进展。

哲学家布罗代尔（Braudel）说：文明是“一个空间、一个‘文化领域’”，是“文化特征和现象的一种集合”。[①]中国的文化体制以及建筑界在整体上如果意识到究竟什么是我们的“空间”，什么是我们的“建筑文化领域”，我们可以集合哪些代表本文明体系的建筑文化特征和现象？那么，在多元建筑文化的交流与冲突过程中就可以逐步建立形成中国建筑与城市文明体系的前提。

——此项见解最终可以作为理解 2004 北京国际建筑艺术双年展的线索。

①Braudel, On History. P.205. For an extended review of definitions of culture and civilization, especially the German distinction, see A. L.Kroeder and Clyde Kluckhohn, Culture A Critical Review of Concepts and Definitions (Cambridge: Papers of the Peabody Museum of American Archaeology and Ethnology, Harvard University, Vol.6-7,No.1,1952),passim but esp.pp.15-29.

世界及历史并不认为这座古城因为奥运就变成了“新城市”，这也并不符合奥运理念、奥运精神，“新城市”奥运标签的身份识别主要取决于举办城市的策略及目标——这就是奥运与基于举办城市层面的“文化冲突”。

14.奥运北京的“城市文化冲突”

奥运进入中国，媒体将全世界人民的注视焦点导向北京。

中国希望通过北京举办奥运振奋中国人民的民族自信心以及爱国激情，同时以此提高北京的城市综合素质。

北京不是奥运的起源地，只是“奥运列车”运行途中的一个“车站”。

然而，北京的所有城市表现并不认为自己仅仅是“奥运列车”运行途中的一个“车站”，而似乎是一剂让城市“返老还童”的灵丹妙药。

城市同样拥有自己的生命。

支撑中华文明古国文明体系的基点是一系列古往今来、源远流长的“古城”。无论新时代城市开发如何摧枯拉朽、大拆大建，“古城文化”之根依然存在——这也就是中国“城市文脉”的生命力。

当奥运旋风席卷古老的北京城，相关各类策划者的“城市神经”开始迅速膨胀，这是一个史无前例的“北京奥运淘金时代”，也是一个城市“破旧立新、更新换代”的历史时机，与时俱进的标志性口号之一及其所有新装点城市的体现就是“新北京·新奥运”。

（1）举办 2008 奥运会的中国城市，北京形象成为全世界关注者的憧憬、向往与期待。但是在举世瞩目的举办城市平台，却不可避免地出现“文化冲突”。

2008 奥运会来到北京，这是中国史无前例的历史机遇。

中国人首先关心的焦点：2008 奥运会能给中国带来什么？能给北京带来什么？显然，中国的国家形象、世界地位、具有世界历史性影响力的国民荣誉、空前的体育文化交流、无可估量的商机将体现出“奥运”极度国际政治化与国际商业化的标签。

北京正是被贴上“奥运”极度国际政治化与国际商业化标签的城市之一。

事实上，“奥运”的极度国际政治化与国际商业化在任何举办城市首先带来的并非纯粹“运动竞技”的活力及其普及，而是国际性城市的“文化冲突”。

奥运成为世界超级力量、荣誉与“新”的标志。从新概念、新标示、新口号、新阵容、新规则、新装备、新表演、新创意、新生活到新纪录，奥运里里外外几乎都闪耀着“新”的光芒。然而，作为奥运举行的运行载体——一座古老的城市，尽管为奥运建立了全新的现代场馆及其设施，但是，世界及历史并不认为这座古城因为奥运就变成了“新城市”，这也不符合奥运理念、奥运精神，“新城市”奥运标签的身份识别主要取决于举办城市的策略及目标——这就是奥运与基于举办城市层面的“文化冲突”。

（2）随 2008 奥运会在北京举行而出现的城市“文化冲突”，主要焦点在于北京形象的“新”与“旧”。

北京希望通过 2008 奥运会而树立“新北京”形象。

在曾经“破旧立新”以及“旧貌变新颜”的火红年代，城市“旧貌”一律成为落后与一穷二白的印记；尘封岁月的城市沧桑年轮顷刻间成为历史包袱，整整三代人的内心世界之门被贴上沉重的封条：“只有破坏一个旧世界才能建设一个新世界。”

以历史唯物主义观点透视，城市是一个“旧世界”。

从城市起源的那一天开始，这个“旧世界”就诞生了。

无论是世界上最早的城市，还是最年轻的城市，在奔腾不息的历史长河中，都是曾经存在的城市“旧世界”。

1000 年、100 年、10 年、1 年以及 1 秒前的城市，同样都是城市的“旧世界”。

北京的“旧世界”就是古城的经典。

即使给北京蒙上千层“新北京”面纱，北京仍然是一座拥有经典“旧世界”的古城。

战争及其自然灾害可以摧毁被称为“旧世界”的房屋、桥梁或者工厂，但是却无法摧毁城市的精神，也不可能割断城市文化的根。

奥运给北京带来的是从国家到世界的体育盛会良机，而不是摧毁城市“旧世界”的通行证。奥运首先倡导的是尊重国家及其地方文化的人文精神，而不是干预国家传统与地方文化关联性的动因。

“新北京”意识及行动的最初信号可以认为出现在 20 世纪 50 年代末期。那是新中国刚刚诞生的岁月，共和国的城市胡同街区在解放的蓝天下显得平静和谐，郊区烟囱林立象征工业化时代的宏伟图景，马车时代的街巷逐渐拓宽为笔直大街，十大建筑自豪地屹立在北京显要城市节点，古城的轮廓线开始出现“新北京”明显迹象。

1949 ~ 1976 年，“新北京”计划进行平稳，所有新建筑均由本国建筑师设计，尽管出现建筑学领域关于风格的传统与现代之争，甚至绝大多数建筑局限于“适用、经济、在可能条件下注意美观”的设计方针，但是，普及性的“现代风格”仍然支撑起“新北京”自力更生奋发图强的框架。

尽管在一穷二白的白纸上画出了最新最美的“城市图画”，但是“古城”在这幅“城市图画”主体中保存了“旧世界”的格局。引人注目耐人寻味的故事接二连三：在“文化大革命”破旧立新中更改的街名再次回归本来面目。“反帝路”、“反修路”、“红卫路”等昙花一现！因为城市的“旧世界”依然存在，并与新时代水乳交融。

奥运契机创造了“新北京”单体建筑的辉煌，可是，这些自行其是的“新北京”项目融入“老北京”举世瞩目的“和谐”仍然需要时间。

（3）奥运契机将为北京、为中国城市带来新的发展转折性起点、但是这种起点不会改变城市的属性。因为，每一座城市都拥有并保持自己的文脉与形象——客观与真实的自己。

中国城市历来注重以全民动员装点自己的形象。然而在装点城市形象的过程中，却往往难以避免突击式的“运动”过场。“大跃进”年代，为了迎接上级对于城市“除四害”成果大检查，可以动员市民一夜之间将麻雀消灭干净；“文革”期间，为了体现祖国山河一片红，城市几乎所有建筑外墙面一夜之间全部刷上红色；南方某城为了迎接全运会，半年内以数千吨涂料将城市粉饰一“新”；北方某城为了举办一次国际性能源会议，全城十余条主干道同时启动全面翻新……

从巴黎戴高乐空港进入市区的轻轨列车上，发现沿途建筑外墙面的涂鸦“艺术品”。我问，为什么不来一场“爱国卫生运动”将这些垃圾艺术品清洗或覆盖掉呢？可法国建筑师却笑着说：“这是政府有意要让世界游客发现真实的巴黎”。

巴塞罗那奥运会期间，除了观看一些竞赛外，大多时间在老城区转来转去，我的想象是巴塞罗那当局借奥运契机肯定要将这些老城区好好地改造一番（许多小街比北京胡同还要窄）。但是小街小巷面貌依“旧”，沉浸于本地固有的生活方式中。

悉尼奥运会期间，我发现许许多多游客在老城区观光。本来，悉尼就不是一座古城，所谓的老城区也不是太多。但是依据城市保护政策及其城市规划法规，老城区与新城区及新建筑秩序井然地交织成富于整体感的城市社区，没有多余甚至不协调的粉饰。按照悉尼建筑师朋友的解释：“奥运就像一阵台风刮过去了，而城市依旧存在。”

“文化大革命”“假、大、空”的后遗症在中国城市依然存在，尤其是各种名目繁多五光十色的“城市造假运动”屡禁不止。1972 年美国尼克松总统访问上海期间，城市下文禁止居民在阳台及窗台晾晒衣物，以给外国朋友“整洁城市”印象。可是，由于“上海公报”签署时间延长，但居民在阳台及窗台晾晒衣物的禁令到期，临时通知也来不及。美国人一早上街意外看到家家户户晾晒的衣物大吃一惊：上海简直就像魔术师，为何如此突然、统一与壮观？！

北京获得 2008 奥运会举办资格的同时，也意味着面临与必然经历基于城市层面的“文化冲突”：奥运竞技的现代规则、装备及所形成的时尚生活方式与地方历史城市品位的差异性；奥运竞技空间的国际化与城市地方建筑文化特色之间的相对性；城市形象的“现代”与“传统”风格之争……“文化冲突”由奥运外因导致，主体上也来自举办城市的意识、观念直至决策。

我们希望北京以自信心在奥运期间向全世界展示自己真实的面目与风采，既有世界四大文明之一的城市建筑经典，同时也有和谐北京的城市风俗民情。北京应该勇于坦诚地开放城市京韵生活空间的真实层面，让全世界了解到一个真实的古老北京和现代北京。正如莎士比亚所说：“同一太阳照耀着宫殿，也不曾避过草屋。”在纽约、在罗马、在巴黎、在伦敦、在柏林，“宫殿”与“草屋”同样并存、同时存在。 这是任何一座城市真实的面孔。

我们不希望北京为那些城市“草屋”类的老北京建筑（或房屋）而过于困惑，不要“运动”式地生硬粉饰、装修或遮掩，应该让他们客观地存在于城市的各个角落。因为这才是举办 2008 奥运会的真实北京！

在世界范围内，凡是拥有杰出文化地位的城市，基本条件是深深地扎根于地方文脉的“城市自信”。

15. 中国需要“城市自信”

近 1/4 世纪的改革开放改变了中国的城市面貌。城市建成区规模、建筑的高度、建筑材料与建筑设备的更新程度、城市道路及其立交的施工品质、城市通信网络系统的超级容量与城市娱乐休闲设施普及面等“城市硬件”已经接近发达国家城市中上等水准。20 世纪 70 年代末中国人渴望的城市现代化已经普遍初具规模。

“开放”的基本定义之一是“进口”。在 20 世纪末叶中国人的心目中:从“进口设备”到“进口饮料”、从“进口汽车”到“进口药品”、从“进口纸张”到“进口文具”、从“进口电器”到“进口材料”等等一度成为品质至上的品牌象征。正是因为这些“进口货”与土地没有直接载体约束以及无需存在土地固定支撑性需求，从文化形态至技术构成体系几乎全部为“流动”与“快速更新”模式。然而，只有城市与上述“进口货”存在本质性区别：土地是城市的载体，城市受到土地载体的直接约束，城市是长年文化的积累与沉淀，不能以“快速更新”模式急功近利地从“中变”到“大变”。

由此可见：任何商品、设备以及生产流水线能够引进，而城市却不能引进。理由在于城市是土地的产物，而土地是一个国家、一个民族（或多个民族）以及区域文化的载体，城市便是世界各地（关键词）文化载体的结晶。

在国外留学期间，我曾经侧重研究城市设计方法论中的“地方意识”。无论在美国、欧洲、日本，还是在澳大利亚游学与考察期间，特别留心注意到每一处村落、每一个小镇、每一座新城与古城都十分注重保持本地地名的地方品位、文化内涵及其地理特征。美国西海岸城市圣迭戈鼻子底下有一个拉霍亚（La Jolia）小镇（其实可以看作是圣迭戈市的一个区），这里是美国著名的生物高科技研发基地。我在其中的索尔克生物研究中心停留一段时间。以前常认为索尔克生物研究中心在圣迭戈，似乎将这个研究中心所在地说得越大越合适；但美国研究人员却自然地认为“索尔克生物研究中心”就是在拉霍亚小镇。特别是索尔克生物研究中心曾经培养出发现 DNA 双螺旋结构的克里克与詹姆斯·沃森等好几位诺贝尔奖获得者，这里的美国人总是将索尔克生物研究中心与拉霍亚小镇连在一起。

在上海，遇到几位从事生物高科技研究的学者，其实他们的研究所并不在上海市区，而是位于上海市郊原 xx 县(现为 xx 区)的 xx 镇。但这些学者几乎从不曾提到自己的研究所在 xx 镇，只是说在上海。后来才明白，如果说自己的研究所在 xx 镇，人家会认为那是一个镇办生物研究所，或者说是一个低档次研究所，没面子。

武汉出现了一个“光谷”，很自然使人联想到美国的硅谷（Silicon Valley）。在中国《辞海》浩瀚词汇系列，界定与表达作为一个高科技区地点、范围以及环境特征的文字至少可以罗列 100 个，可是为什么要从美国“硅谷”的中文译名那里进口一个“谷”字呢？！其实在武汉“光谷”所在地也没有发现与硅谷类似的“谷”（Valley）地形。可见，武汉纵然拥有雄厚的光纤光电子产业基础，但却缺乏形成本市光纤光电子产业基地独立地名品牌的“城市自信”。

某日傍晚，学友来电话：定于当晚 7 点在水果湖“欧式一条街”的“雨果”咖啡厅见面。武昌水果湖是省高层机关所在地,城市建设整体素质相当好,因而“欧式一条街”格外引人注目。据《武昌地方志》考证，水果湖在历史上从未与欧洲发生过任何外交、经济、文化与军事事件牵连，那么这条“欧式一条街”的城市文脉出自何处？19世纪中叶，英国远征军将不平等的《南京条约》强加于中国人民头上，继“五口通商”之后，汉口成为英、法、德、俄列强租界，那时的“租界汉口”没有自主权亦没有本地城市自信，从建筑风格到城市社区无不留下“欧式”印痕。1949年，汉口解放，历时近100年的租界欧式街道与欧式建筑时代结束，一个新时代的武汉开始在中国中部出现。但是，20世纪90年代，“欧式一条街”却在与汉口一江之隔的武昌出现。一方面可以解释这是一种城市文化的倾斜现象，另一方面则可以认为这是城市缺乏自信的表现。

在世界范围内，凡是拥有杰出文化地位的城市，基本条件是深深地扎根于地方文脉的“城市自信”。即使是处于跨越国界市场区域或边缘的城市，明智以及坚定的城市战略就是捍卫本地“城市自信”。伦敦、纽约、巴黎、东京以及香港都是国际化程度相当高的城市，显而易见：第二次世界大战后，经历了战后重建以及经济高速增长期之后，普遍反思的基点为“城市自信”还是否存在？20世纪60～70年代，巴黎城市舆论的焦点为“属于巴黎的巴黎还在我们身边吗？”伦敦媒体的醒目标题是“找回伦敦的伦敦”。纽约尽管没有经历战后重建，但是同样面临来自欧洲城市文化的系列冲击。于是，纽约城市评论界一直保持着这样一类热点话题：“这里是欧洲的纽约吗？！不，这是美国的纽约。”

近15年来，偶尔在中国各地看到如此系列标语：“誓将xx市建成东方芝加哥”，“天堂硅谷在xx市崛起”，“xx市——东方巴黎不可阻挡的魅力”，“xx市，再造一个香港”；更有“北京银座”、“深圳银座”等许多以“银座”冠名的楼盘。众所周知，全世界只有一个东京银座，就像全世界只有一个北京王府井，或者说银座属于东京，而王府井就只是属于北京。

中国的城市“姓”中国。

中国城市就只是中国的城市，永远不可能成为“东方芝加哥”或“东方巴黎”。那是完全不同类型的“城市文化基因”。如果在某一天，突然听到英国当局要将伦敦建成“西方的北京”，中国人或许大吃一惊、不可思议：尊敬的英格兰绅士，你们那个伦敦不是挺好的吗！扯上咱北京挨得上吗？！即使是西方城市中的“唐人街”，也只是以往该地城市移民历史上的片断缩影，从社区布局到建筑风格并未进入所在地城市主体以及主流文化层面。

无论在城市前面加上多少“国际化”与“现代化”的头衔与光环，但所在地方的城市文化的“根”不能割断。如果城市之树断“根”，首先便是“城市自信”丧失，随之城市逐渐失去“自我”，在模仿、复制、组拼过程逐渐沦为新一代“外来城市文化殖民地”——不仅仅只是警示，而在相当层面已经成为事实。

联合国教科文组织一再告诫：文化有区别才能存在。城市的区别性首先来自“城市自信”——在发展过程中保护本地城市的特色、捍卫本地城市尊严，寻求本地城市健康成长之路。

全球经济一体化，绝不是全球城市文化一体化。中国在经济高速成长时期所关注的不应该仅仅是城市发展规模以及城市经济效益指标，重要的是城市文化品位以及城市生活品质，而拥有城市文化品位以及城市生活品质的基点便是“城市自信”。

从“机场”至“空港”的国家乃至国际空中交通网络节点状况可以得出一项结论：在中国，“空港城市”的时代开始了！

16.“空港城市”与“城市空港”

20 世纪 40 年代末，第二次世界大战结束，欧洲和日本致力于恢复战争创伤，在重建城市和重新规划及开发城市新区过程中开始逐步导入现代城市设计理论与方法。

随着人类战争规模日趋扩大，武器制造业与航空运输业得到快速发展。尤其是由于航空技术的进步促进航空运输业发展而开始设计建设空港，这是人类城市史上的划时代起点。

由于空港需要高效益吞吐城市间、地域间、国家间以及洲际之间的人流与物流，导致交通运输体系、新型建筑结构施工及设备体系、超级基础设施体系、城市内外网络交通体系与系列商业服务模式开始在空港形成集约式规模。于是，空港成为现代城市设计系统的导线，空港集约式、集成式以及复合式系统空间组合构成对于普遍性城市设计起到促进性影响。考察 20 世纪中叶现代城市思想及其设计方法在城市系统工程方面的进展，空港则是城市设计的导向性模式。

空港及其空港周边城区配套空间与基础设施在 20 世纪中叶获得空前进步，人类从单纯以建筑手段建设城市的观念及其方式首先受到空港的冲击。于是，欧洲及日本急于在城市复兴过程中导入“空港模式”，从复合空间构成到整体效益考究开始全方位导入以空港为主导的“城市设计体系”。

与第一次世界大战结束后欧洲城市复兴方式比较，第二次世界大战后欧洲与日本城市重建及其修复过程更为普遍导入“空港模式”的城市设计途径：

（1）从修复一座建筑到整体性重建社区，在尊重原城市结构的基础上，以更新基础设施为载体推进空港与城市衔接的空间关联密切度；

（2）以新空港建设带动新空港城区以及周边相应卫星城开发，形成以空港为中心的关联城镇群;

（3）将空港作为联动城市边缘地带发展的“中介性节点”，以多边交通模式将空港功能与城市功能穿插性衔接，形成空港与城市的一体化网络系统结构。

第二次世界大战结束，中国仅有极少数城市开通民用航空专线，而且几乎只有通往莫斯科及邻近亚洲城市的国际航线。

20 世纪 50 ~ 90 年代，中国只有“机场”概念，几乎没有“空港”及其国际化设施。机场分为军用与民用以及军民合用三种类型，将近 70% 的机场是由军用转入民用。

1949 ~ 1985 年，民航系统的职员一直属于解放军部队编制，直到 20 世纪 80 年代中期，民航系统才全部转入地方编制。

20 世纪 90 年代以前，机场与城市是完全隔离的分离体，机场周边几乎没有与机场相关联的“支撑服务社区”、“社会生活关联社区”以及“大型物流社区”。机场就是一座远离城市的孤岛，机场建设及其发展仅仅局限于机场本身，所有机场工程与城市社会几乎没有关联。

直到 20 世纪 90 年代，中国城市几乎普遍未能意识到从“机场”到“空港”的演变延伸过程会对城市发展起到极大影响，当时的“机场”与城市的关系普遍呈现出分离模式：

（1）机场是城市边缘地带或远郊的“飞机起落孤岛”；

（2）机场与军用关系密切，多为“军事禁区”；

（3）城市与机场仅仅通过公路连接（当时还没有高速道路）；

（4）机场的发展及其趋向与城市并无直接关联，多数规划及其相关工程建设由军方或中国民航控制；

（5）机场的航空物流集散规模很小，基本上没有系统规范性航空物流基地；

（6）许多机场是军民共用，因此，机场首先属于保密重地甚至是军事禁区，不存在任何普及性服务空间与设施；机场主体管理与运营为军事化以及中国民航系统模式；

（7）城市规划学科将机场列为“对外交通”范畴，依据机场作为城市“对外交通”功能区的基本定义，城市功能区通常限制往机场方向的发展；而机场及其周边城镇规划也限制往城市方向延伸。

（8）究竟哪些功能性社区与航空公司能成为连带功能性社区？通常是那些为机场实行能源、保养、装备以及储存性服务的基本建设项目及其用地，而不包括为客运以及货运服务的功能区。

（9）由于当时城市发展以及规划的视野和观念局限，此外，飞机机型对于跑道要求的区别，导致民用机场选址离市区距离近、跑道短而且规模小；另由于空中走廊对于城市规划以及建筑群尺度的限制，城市发展长期受到机场制约。

20世纪80年代初，中国改革面向世界开放，航空业开始由以往计划经济体制走向市场运营轨道，第一个信号是将原“中国民航（北京系统）”改制为“中国国际航空公司”；随即各地航空公司纷纷成立，从区域性的南方航空公司、东方航空公司、北方航空公司、西南航空公司到省际新疆航空公司、山东航空公司、内蒙古航空公司、新华航空公司、海南航空公司，以及市际深圳航空公司、厦门航空公司、武汉航空公司与上海航空公司等等。

国内航空公司运营走向全面市场化导致原“机场体系”对日益扩大的运输量不适应，从“机场规模”到“机场设备与设施”都难以适应航空运营基准。航空公司与“机场系统”的需求矛盾日益突出。于是，“机场改建”、“机场扩建”、“机场新建”的项目课题普遍被提到中国民用航空管理局与各地政府最高决策会议桌面：城市规划如何随之调整？关联功能的城市规模如何随之扩大？城市基础设施如何随之配套？

从20世纪80年代末至90年代开始，中国城市民用机场开始全面更新换代，主要状况以及趋势可概括为下述要点：

（1）在新一轮城市总体规划编制过程中，开始将民用机场列为城市对外交通的重要门户，而且为民用机场扩大规模以及迁址提出适当建议方案，与国家民航总局以及相关专家进行可行性论证后再确定。

（2）“新机场”在新一轮城市总体规划编制中迁址，通常与城市核心区距离半径为30～40公里。

（3）“新机场”与市区连接带地区开始出现沿线房地产开发项目，城市边缘社区开始逐步向机场方向延伸。

（4）各类“物流中心”以及物流基地开始在新机场附近陆续出现。

（5）外国以及港澳投资开始投入机场基础设施建设，多以城市市区与机场之间的高速道路为主体投资目标。于是，机场主出入口处设立收费站形式从北京蔓延至全国。

（6）围绕机场的农业用地以及村庄逐年减少，各式机场服务、居住、会展以及加工制造业“卫星城”逐步建成。

（7）一些城市首脑意识到机场乃城市门户景观，于是，对于机场出口处以及机场路沿线景观进行系统规划，对相关系列项目开发实行严格把关，以确保城市门户形象。北京首都机场从航站楼到市区一线的夹道绿化景观规划及其控制，形成国门的自然生态长卷形象；高速进出口收费站以复制传统建筑形态构成，可以使人产生对古代中国悠久灿烂文化的联想与自豪感。桂林市政府委托喜马拉雅空间设计公司作出机场路沿线 27 公里的系统景观规划，拆除遮挡青山绿水田园村落的巨大商业广告牌，重新梳理调整沿线节点交通线路及其运行模式，对于沿线新旧建筑群作出协调控制的切实可行实施设计方案。

机场不再是城市边缘地带的一个“孤岛”概念，而是城市的一个复合功能社区。无论从区域城市产业经济体系层面分析，还是城市结构以及功能组合分区格局透视，从“机场”至“空港”的国家乃至国际空中交通网络节点状况可以得出一项结论：在中国，“空港城市”的时代开始了！

近 20 年来，从“机场”到“空港”项目策划论证、规划设计直至实施开发，由于受到历史阶段决策视野局限、投资规模局限以及体制结构运营管理系统薄弱的系列潜在因素影响，普遍存在急需高度重视并需进一步完善的基本环节：

（1）多数机场航站楼更新换代，但新旧航站楼功能系统协调使用布局不合理。有的旧航站楼缺乏必要维修以及内部功能空间整治，日渐破损直至废弃，事实上造成不必要浪费。

（2）新航站楼整体规模及其功能体系策划存在两个明显倾向：既定规模过小导致很快就不适应快速增长的使用功能的需求，另一种状况则体现为过于追求大气派而造成多余空间闲置。

（3）投资偏重航站楼，而与航站楼配套的相关功能及基础设施欠缺，从而导致机场整体运行未能达到高效率及高效益。

（4）各地航站楼建筑设计从基本形态到主体覆盖材料大同小异，建筑风格不具备独立性及其地方特色，很难给旅客留下地方记忆。

（5）航站楼与机场配套功能空间及其设施规划设计缺乏人性化细部考虑，导致旅客进出不便。譬如南方一大机场抵港旅客至私家车停车场线路设计过于复杂，动线曲折且上下高程变化过多，旅客普遍反映存在人为障碍。

从“机场”到“空港”不仅仅是规模量变的计划行为，而是一种系统“质变”的过程。从整体空间构成到相应技术及设备设施配套的“硬件”，都需要得到高素质运营管理“软件系统”的支持。这一“软件系统”包括人才、战略、机制、环节、措施的综合组织模式。

“空港城市”将成为 21 世纪中国城市素质全面提升的一种标准与标志。空港不再仅仅是一个交通要塞或城市对外交通门户，而是一种具有综合功能高度集成的城市社区，这里将集中布局飞机升降跑道区、航空客运功能区、航空导航以及系统检测功能区、航空物流功能区、飞机维修保养功能区、航空关联设备维修保养功能区、航空物资资源储存功能区、航空客运接待功能区、航空客运综合服务功能区、航空物业管理功能区、航空中枢系统管理功能区、集中型车库及其分散型停车区、消防及其警备系统功能区、航空职员生活区、空港与城市中心区连接交通功能区等等；此外，一系列涉及国内国际对外服务、对外经营、对外研制与生产功能区及其城市居住社区在空港周边地区布局，逐步形成以空港为中心的城市复合功能性枢纽。

过于强化的“建筑片断”撕裂蕴涵历史累积和凝固的“城市整体”，社区的温馨尺度感被颠覆，人与城市的和谐尺度感在支离破碎的建筑间隙显得扭曲与变态。

17.只见建筑不见城市

人是万物的尺度。

——普罗塔哥拉

自然界所有事物的进化，全都遵守各自的尺度。 城市只有保持适当的尺度，才能在永恒的变化中协调保存自己的特色。

地球表面以各种尺度构成的空间及其环境孕育了芸芸众生。人类定居地以集中尺度构成的空间和环境逐渐形成了城市。

公元前 3000 年，底格里斯河与幼发拉底河流域的美索不达米亚出现了世界最早的苏美尔城市国家；20 世纪末叶，城市化世界已初步形成“地球村”的轮廓。所有城市的起源、规划、开发直至成长都拥有自己的尺度。

国家与民族形象及其尊严通常由城市或建筑的“尺度”固定集体记忆。城市，可以理解为固定人类记忆的装置。从位于长达 7.9 公里中轴线上古代中国元大都的规划布局，到世界最小城市国家——梵蒂冈（0.44 平方公里）的袖珍压缩空间；从北京中南海的大门到伦敦唐宁街 10 号的小门，我们通过一系列城市尺度发现从国家、民族到个人的精神状态与文化价值观。

市民是城市生物。衡量任何一座城市品质的第一要素是适于市民生存的“城市生物尺度”。市民并不是孤独地在城市中生活，从原始城市开始，人类聚居便产生从“聚落”到“社区”的生物尺度。

立足于“人”的基点，我们将“城市生物尺度”理解为“城市人性尺度”。人与城市空间及环境接触的街道、骑楼、里弄、胡同、台阶、坡道、车站、码头、机场，所有城市从整体到局部都蕴涵和体现出“城市人性尺度”。当我们回顾、品味、体验、评价日常生活与工作的空间及环境：是否方便、舒适、宜人、温馨？基本答案就在“城市人性尺度”之中。

从历史和现实两个侧面透视“城市人性尺度”，体现出城市最高层决策者的城市战略，主持城市规划与城市设计者以及城市建设者的城市价值观与城市美学意识。一方面，人们需要在具有历史性的城市尺度中寻找和保护本体文化的“根”，这是永远无法割断的生土之恋；以蕴涵历史感的“城市人性尺度”接触城市空间（包括文化遗产），从而获得历史对于个人的见证力以及个人的文化归属感。另一方面，人们不断拓展现代城市的生存空间，但由于观念上的时空局限与误区，导致在忽视“城市人性尺度”的基础上夸大了商业空间、商业广告及现代交通工具的尺度，于是，由“尺度混乱”引起的一系列“现代城市病” 正在以逐步扩张蔓延方式报复人类：

(1) 城市的地方文化资源流失，各地城市形象趋同性加速；

(2) 大尺度广告充斥大街小巷，城市变成“广告城市”；

(3) 大流量交通塞满街道，城市成为车第一、人第二的“车轮城市”；

(4) 只见建筑、不见城市的“城市分裂症”。

建筑与城市犹如树木与森林的关系，森林由树木组成，树木是形成森林的主要“元素”。

建筑与城市相辅相成、相得益彰，城市由多元建筑文化协调构成，城市也是由多变建筑风格有机叠加形成。在整体层面，城市是建筑的集合体，城市也是建筑的广义载体。城市需要建筑之间在既定规则约束前提下体现出群体密切相关性的“整体感”，城市的建筑景观美学基本原理归结为“整体和谐感”。

然而，城市的“整体和谐感”在普遍过于强调单体建筑的“标志性”以及“商业张扬性”过程中被逐渐削弱，尤其在一些具有城市历史及文脉见证的旧城区，由于一些单体建筑一味追求商业高效益，导致建筑体量和整体尺度过大（或逐步升级扩大），在社区结构以及视觉秩序上与旧城区的“整体感”分裂，甚至与历史积淀的社区协调景观脱节。

建筑与城市的“分裂”和“脱节”导致城市“整体感”在结构上与视觉上失去具有历史延续的关联性，城市一时变得似乎陌生了，往日街道生活的宁静、邻里交往的亲近、建筑细部的人文体贴、街道景观的情景交融被硬性穿插进来的大尺度建筑所肢解、分割、吞噬。结果，过于强化的“建筑片断”撕裂蕴涵历史累积和凝固的“城市整体”，社区的温馨尺度感被颠覆，人与城市的和谐尺度感在支离破碎的建筑间隙中显得扭曲与变态，缺少中间过渡性以及中介衔接性的配角建筑元素。

现在，中国各地城市普遍出现“只见建筑、不见城市”的趋同现象，透过现象的表层发现问题的实质，其实是国家城市体制、国家城市方针政策、国家城市战略、城市首脑的城市美学及其决策意识一度倾斜以及背后集团商业利益之间的交易所致。

经历岁月积累所形成的城市轮廓线以及城市社区经典层次景观，形成了城市成长标杆上的历史刻度及其本体文化符号。建筑规模及其风格随时代延伸，但必须遵循“城市历史刻度”、“城市文化符号”的规律以及城市逻辑，这是建筑与城市之间“历史与文化默契”。

在特定历史区间，一旦建筑与城市之间“历史与文化默契”被破坏或者被扭曲，一类结果非常明显：建筑成为城市舞台上的独断角色，建筑之间的排他性日趋增强。尤其是一类自我标榜的“标志性建筑”位于城市显要地段，或孤芳自赏，或独领风骚；或唯我独尊，或自行其是。为强调建筑的某种特定功能，在城市环境、城市景观、城市结构上与城市整体出现非协调性与非和谐感的对立状态。于是，建筑的个体性将城市的整体性取而代之，城市为“支持”那些“强势建筑”付出沉重代价，以牺牲城市整体利益而满足局部利益，以弱化城市的公共性而片面适应某些局部的“私密性”。结果，城市在某种意义上成为一种“文化空壳”甚至“文化泡沫”，建筑在高歌，城市却在低声叹息。

在此，我们试图通过对两座作为国家首都的城市特征进行比较，从中我们可以透视建筑与城市的关系。

1）耶路撒冷：由城市细部构成的人性尺度记忆城市

4000 年来，耶路撒冷在俄斐勒山冈孤独地俯瞰犹地亚荒原，建于４００年前的一堵土耳其墙壁环绕着 4 平方公里的古老城区，那里有以当地岩石构成的拥有城市人性尺度的小街小巷、犹太教堂、伊斯兰教寺院、基督教堂、天主教堂和修道院。

耶路撒冷城中的一面西墙，宽约４８米的石墙是公元７０年罗马人破坏圣殿的最后遗迹。

西墙象征并纪念已毁的圣殿，每一块石头都在诉说耶路撒冷城的历史片断，每一片石壁都充满与人亲近的城市人性尺度，是犹太人能最接近圣所之处，被犹太人视为最神圣的地方。现代以色列人将西墙作为国家复兴的象征，充满深深的敬意。这个民族在２０００多年的漂泊中全靠耶路撒冷西墙城市人性尺度的视觉记忆维系祖国文化。来自世界各地的犹太人面对西墙虔诚地祈祷，抚摸凝固 4000 年历史的基石，从对于充满历史氛围的城市人性尺度感应中寻求民族及个人通向未来之路。

1995 年，从耶路撒冷到武汉的第二天，武汉展览馆被一举炸毁。顿时，我感到武汉陷入“城市人性尺度”遭遇破坏的境地。至今武汉三镇缺乏一处明确的城市公共中心，由武汉展览馆拥抱的一片小型广场自２０世纪５０年代起便逐渐成为具有城市中心功能的一处市民集散场所，这一片小广场细部尺度与人的尺度协调，使人由衷地获得自然的城市温馨亲切感，以致成为武汉市民整整两代人深深的城市集体记忆；汉口解放大道中段人流拥挤，武汉展览馆小型广场以其富于人性尺度的胸怀常年宽容接纳了成千上万市民在此地休息与约会；作为２０世纪５０年代中国四大“中苏友好宫”之一的武汉展览馆，以其文化背景及价值成为第二次世界大战后武汉市成长的见证。

在城市中拆毁一座拥有当地历史文化价值的建筑，其负面影响不仅仅是在城市表层对于物质空间的摧毁，实质性意义体现于摧毁了在特定历史区间人们对于城市记忆的心理尺度。

具有历史意义的城市尺度片段被割裂或被粉碎，意味着人们（尤其是后人）看不见一座具有完整系统的城市历史形象。我们所居住的城市的“根”在哪里？城市成长的过程何处体现？

2001 年 9 月，武汉展览馆原址上出现了一座新建筑——“武汉国际会展中心”。无论在这座新建筑前面加上“国际”还是“宇宙”头衔，这座新建筑与被拆毁的武汉展览馆在格调以及品位方面实在难以相提并论！不仅仅是因为这座新建筑在形态上标新立异，而且是这座新建筑割断了武汉市历史文脉的一个过去时代的见证——当年的“中苏友好宫”在哪里呢？！

只是见到现代的“武汉国际展览中心”，却不见 20 世纪 50 年代武汉见证“中苏友好时期”的城市形象。

2）巴西利亚：曾经缺乏人性尺度的汽车城市

巴西主要城市分布于沿海，中部人烟稀少、贫穷落后。

1955 年登基的巴西总统尤塞里偌·古比切克决心以迁都来改变国家地域发展不平衡的局面，毅然决定在人烟稀少、贫穷落后的内陆中部高原建设一座新首都，将沿海城市文明和人口吸引到新首都及所在地域。

——事实上，尤塞里偌·古比切克总统推行的“迁都计划”成为 20 世纪 50 年代巴西国家城市战略的典型案例，而且获得世界关注与认可。

巴西城市规划师路西欧·科斯塔提出了新首都巴西利亚的规划：城市总体布局犹如一架飞机降落于巴西中央密林深处，主体建筑群的中央部位为政府机构，城市社区沿两翼展开。

第二次世界大战后，许多城市在实行现代化的进程中过于突出交通体系的汽车尺度，结果以城市人性尺度定位的公共及居住空间却饱受摧残，城市沦为汽车的奴隶，巴西利亚就是其中之一。

20世纪50年代中期，巴西的汽车工业飞速发展，“以车代步”成为巴西国家城市现代化的目标。路西欧·科斯塔以汽车交通作为新首都规划的尺度，却忽视了完整合适的步行系统。在这座尺度宏大的“汽车城市”，人们几乎难以轻松地步行游览并穿越街区，时时处处需要乘车流动，结果导致巴西利亚整整一个时代失去了人性尺度。

受耶路撒冷和巴西利亚的启示，评价中国目前城市设计及开发的进展，显而易见的问题是“城市人性尺度失调和失控”。

城市公共空间不足，尤其是具有人性尺度的城市公共空间被各种名目的商业项目吞噬。大尺度的城市广场往往成为一窝蜂复制的“政绩”。

城市项目决策及管理者对于项目统筹尺度的系统控制出现脱节现象，以至对于某些城市公共建筑项目定位攀高贪大，唯恐不大，造成空间资源积压和浪费，巨额投资变成基坑水塘和锈蚀钢筋“烂尾楼”垃圾堆。

一座座建筑在诉说一个个建筑的故事，累积成我们所居住的城市的故事。如果将一座城市譬喻为一部历史小说，那么一座座经典建筑和拥有城市生活典故的街区则是这部“小说”的章节。当我们阅读一部历史小说，不仅为其中的人物以及情节所感动，而且为其中的精彩章节而拍案叫绝、回味无穷。可是，章节即使再精彩，但也不可能超脱所载小说的整体结构，因为所有章节的人物与情节相互密切关联，承上启下、前因后果，不可断章取义。

和谐城市的基本定义首先是建筑与城市之间建立、拥有、积累成和谐尺度、和谐景观、和谐感受的关系。我们对于周围的建筑不仅要求赏心悦目，而且所感受、所体验、所生存的平台是我们安居乐业的城市。

对于规划与设计城市的基本原则是“从城市到建筑”，而不是“从建筑到城市”——这是一种尊重“系统模式”的思维方法，而不是片面地将某些局部放大与张扬到超越和谐人性的尺度。

"城市故事"是城市之树的"年轮"，是历经沧桑岁月的客观见证。

18. 向市民开放"城市故事"

1）寻找城市故事

（1）雪厂街（Ice House street）

我在东京大学所作博士论文的课题是关于英国殖民地与租界城市设计体系的研究。在对世界各地近 100 座曾经是殖民地与租界的城市实地调查期间，获得一项意外发现：当年大英帝国统治世界近 1/4 陆地与人口的殖民地与租界城市，所有遗产不仅仅是建筑与街区的历史见证，民间广为流传的却是发生在那些城市的“故事”。

香港岛有一条“雪厂街”（Ice House Street）。初到香港的游客看到“雪厂街”路牌，往往百思不得其解：香港终年不见瑞雪，此街为何以“雪”命名？那么“雪厂”又是源于何种“典故”？难道这里曾经有一座生产人工雪的工厂吗？其实这些揣测之意均不到位。19 世纪中叶鸦片战争之后，香港便沦为英国殖民地。占领香港岛的英国军人以及从事贸易的商人处于“赤日炎炎似火烧”的这片海岛，日子过得非常艰难，死于热带疟疾与高烧的英国人不计其数。正值此时，美国西海岸发现金矿，国际人口贩子便与香港商人勾结起来到广东台山等地征集劳工，以香港当地民船将一批批劳工运往美国。当这些船只从美国返回香港途中已是空载，经历海上风浪颠簸多数翻沉。后来，聪明的商人想出办法，在返程空船上装运美国刚刚生产出来的冰块，可使船只在海上保持相对负重平衡。这些冰块运抵香港果然很受欢迎，医院和家庭销路与日俱增。为了储存这些冰块，商家便在当年香港岛维多利亚城边缘山坡修建仓库，以仓库为主体的建筑群逐渐形成一条街，于是此街便被命名为“雪厂街”。可是，为什么不叫“冰厂街”呢？那是因为当地的香港人“冰”与“雪”不分，你只要看到现在的香港人还称冰箱是“雪柜”就知道了。

其实，我们居住在一座城市的生活需求远远不只是物质性满足，更多的是知识性与精神层面的求知、观赏、游览、回味与交流。北京的小学生会向老师提问：“这条街为什么叫东交民巷？”究竟有多少上海人知道“外滩”的来龙去脉？重庆老街坊市民会如数家珍向你讲述“解放碑”的故事；或许当年作家欧阳山的“三家巷”在广州已经很难找到原汁原味的地方风景与生活风情！四川自贡市入口竖立一座天然石碑，上面书写“恐龙之乡”，那么恐龙的故事与自贡究竟存在何种不解之缘呢？

武昌街道口一座拥有近百年历史的石筑牌坊为百年名牌学府武汉大学当年的校门，上面南向石刻“国立武汉大学”，北向铭刻“文法理工农医”。任何一位学子经过这座石筑牌坊无不油然而生寒窗求学之情！ 20 世纪 50 年代初抗美援朝，武汉大学教授慷慨激昂演讲动员学生上前线：“同学们，你们看看咱们武汉大学的牌坊，上面的校牌顺着念是‘国立武汉大学’（注：当年的书写格式是从右向左‘学大汉武立国’）”，倒过来就是‘学大汉武立国’！……”同学们爱国激情高涨，纷纷报名参军上前线。

然而，就是这座具有历史典故并体现中国名牌大学尊严的“石筑牌坊”至今却被淹没于一片建筑垃圾中！号称文化古城的武昌城市规划似乎更注意的是日新月异的新街区，而对一座百年名校的门户象征却是视而不见，任其受到凌辱与破坏！

（2）城市之树的“年轮”

没有故事的城市犹如一座城市患上“文化贫血症”，面色（城市景观）苍白、行动（城市能量）无力。

城市的主要功能是为人类居住建立并提供适于生存的“空间”与“环境”。由于人是有思想、有情怀的高级动物，群居于地球上的任何一个角落，所建立的任何“空间”与“环境”从来就不是纯物质性的非理性载体，而是寄托、蕴涵、凝聚并充满人类在不同历史时期的理想、理念、憧憬、欲望、制度、象征、价值观及其想像力——所有这一切成为孕育“城市故事”的“过程因素”。

任何一座城市编年史就是渗透尘封岁月的“过程因素”的叠加与累积，也是形成一座城市文脉的连续性片断。

“城市故事”是城市之树的“年轮”，是历经沧桑岁月的客观见证。在我们身边、在我们身上，在人生的时时刻刻、年年月月从未停步。

有的建筑被拆掉，但是它的典故、它的故事却永远存在，永远在民间流传，它还“活”在市民心中；有的建筑尽管高大雄伟，甚至唯我独尊，但其模糊的概念及其形象已经在市民心目中逐渐消失——因为这些建筑没有为市民称道的故事！尽管可以通过各种现代宣传途径予以大肆渲染、炒作，可是，在市民眼里或许只是昙花一现的空洞光环。

（3）封闭的“城市故事”

如今，许多城市都在大兴土木新建市政府办公楼，然而，紧邻汉口滨江路的武汉市政府却是谦逊地维持现状，这里的大院静悄悄。

20 世纪 20 ~ 40 年代，汉口是与巴黎、纽约、伦敦、上海并列的国际城市，当年汉口英、法、德租界留下一些显示欧洲风情的街区及其建筑，已成为过去一个时代汉口的城市名片。武汉市政府内一座被称为市长办公楼的建筑就是当年租界的一座具有维多利亚时代残留建筑风格的别墅。大学时代，每当路过市政府门前，那座别墅对于一位建筑学的学生具有何等奇特吸引力！可是，却一直没有机会进入市政府大院鉴赏那座别墅的真实风采。

直到 1984 年 7 月的一天，意想不到的机会终于来临——受当时武汉市吴官正市长特别约见，需要与我讨论武汉城市规划以及我被任命为武汉市城市规划局副局长的工作问题。秘书带我进入政府大院的那座别墅，进门就东张西望、探头探脑，秘书感到奇怪：“张老师，您觉得这个房子有什么问题吗？”我直摇头：“不！不！是我自己的问题”。谈话结束后，吴官正市长带着我里里外外参观了这座别墅，并向我详细介绍了一些建筑细部。当时吴市长的一句话至今记忆犹新：“这座建筑可以说就是一个故事。”

在任何一座城市，绝大多数市政府办公建筑就是所在城市首屈一指的“城市故事”。罗马市政厅是文艺复兴巨匠米开朗基罗设计，作为人类建筑史上经典之作，至今都在向全世界开放，是旅游名胜；或许人们很难想象美国芝加哥市政厅地下拥有一处可容纳近千人的公共餐厅，人们到市政厅可办事、可游览、可就餐，一种城市的公共性以及向市民开放的公开性，恰恰使市民对于市政厅更为关注与接近。在汉堡，市政厅就是一座城市博物馆，底层展览介绍市政厅建筑的故事以及市政厅与汉堡历史相关的“城市故事”，同时也展示这座城市的施政纲领与市政项目告示；楼上则展示市长办公室、会客室、城市议会会议室以及宴会厅。

位于华盛顿宾夕法尼亚大街 1600 号的白宫，在第一届总统乔治·华盛顿确定基地选址后，由爱尔兰后裔建筑师詹姆士·霍本设计。1902 年，西奥多·罗斯福总统将总统府命名为“白宫”。平时，你可以前往白宫东翼游览，体验白宫环境感受，因为这里对外开放。

你只有在参观了位于纽约曼哈顿区的联合国总部大厦之后，才知道当年建设联合国总部建筑群与洛克菲勒集团相关的故事。即使是神圣的主会议厅在休会时便立即向观众开放，人们在这里可以旁听各种会议。

基于国情，至今中国几乎还没有一座城市的市政府大楼向市民开放，许许多多“城市故事”被锁在高墙与警备岗哨的里面。深圳作出尝试性开放，但却缺乏“城市故事”的文脉支撑。

（4）没有故事的结尾

1843 年 11 月 17 日上海开埠后，随着英租界范围的不断扩张，今天的“南京路”开始由外滩逐渐向市区内延伸。当时，这条街被英国人命名为“花园路”。可是到了后来，英租界工部局决定将所有路以中国各地地名命名，于是便有了“南京路”、“福州路”、“黄陂路”等。这些城市道路连接了无数街巷、码头、公园和里弄，也孕育了无数以街巷、码头、公园和里弄为城市生活舞台的“城市故事”。

近 25 年来，中国城市的街巷正在逐步消失，取而代之的是正在演变的一种“楼盘城市模式”，而且这些楼盘的命名并非源于本土，而多为舶来品与不伦不类的“洋货”！蕴涵地方文化特色及生活色彩的“城市故事”开始嫁接、开始错位、开始进入时尚的“颠覆状态”。我们在期待过程中发现，有的“城市故事”在嫁接、错位及“颠覆”冲击下焕发出新的城市文化生命力，但确实也有太多的“城市故事”在嫁接、错位及“颠覆”期间开始枯萎、蜕化、变质！有的甚至悄悄地消失了，那是因为没有故事的结尾。

2）城市“废墟”见证中国

（1）古罗马“废墟”的启示

罗马帝国的辉煌与伟大只能从古罗马的“废墟”残垣中发现。

古罗马充满着“废墟”留下的记忆，如今到处都是破旧的宫殿，倒塌的城墙，损坏的雕像……尽管如此，举世皆知古罗马“废墟”就是罗马的财富。安东尼诺与法乌斯蒂纳神庙散落的石块，见证了安东尼诺与他妻子法乌斯蒂纳的爱情；也许君士坦丁曾经在马森齐奥堂的墙壁前驻足沉思；蒂奥斯库雷神庙仅存的三根石柱历经千百年依然矗立；还有萨图尔诺农神庙残破不堪的大门仍然保持着当年的庄严……由此可见，古罗马残存教堂、宫殿、市场、浴室和凯旋门见证伟大的罗马人勇于创造出当时世界上最繁华的都市，也同样敢于保留下这些历史的尘埃，不得不让人承认他们宽广的胸怀和着实的远见。

与古罗马同一时期的中国汉朝，也曾经拥有与古罗马并驾齐驱的建筑与城市辉煌。设想，如果我们至今在汉朝首都长安保留了一片见证当年国家皇城与宫殿的遗址“废墟”，如今西安将可以使整个世界更为清晰、准确地了解古罗马时代的汉朝中国，也可以成为见证古代中国最伟大的历史象征。

凡是到欧洲旅游的中国人无不为各地城市所保留的历史“废墟”及其街道、建筑、城墙、要塞和景观而震撼：进入网络信息时代的国家何以到处沉浸于充满历史情调与氛围的环境？！站在一座座“废墟”面前并没有感到欧洲的衰落，相反，却看到现代欧洲从历史所吸取的精神与智慧，深感见证于欧洲历史“废墟”的遗址如何孕育出现代欧洲文明。

同时，反思中国的城市，我们曾经建立过与古罗马同一时代同样伟大的建筑与城市，也曾经经历与古罗马帝国时代及古代欧洲几乎相同规模的战争，但是，为什么我们却没有保存与古罗马以及欧洲同类的城市“废墟”呢？！

（2）中国城市是否需要第二次世界大战的“废墟”见证

第二次世界大战给中国城市带来史无前例的摧毁性灾难，多少具有国家与地方历史价值的名胜、建筑、城垣、要塞毁于战火，有的被彻底化为灰烬，但许多城市却留下一些战争“废墟”。战后在清理战场直至城市复兴建设中，许多拥有见证国家历史以及第二次世界大战创伤的“废墟”没有得到及时与必要的考证，几乎先后被清除一空，“废墟”遗址陆续被新建筑与新工厂覆盖。

或许，见证中国经历第二次世界大战的历史都被浓缩与封存在各类纪念馆、纪念碑、展览馆、博物馆和电影院内，人们所接触的主要由照片、遗物、雕塑、美术作品及电影组合加工而成的归纳信息，但这仅仅是一种历史的通常记录方式而已。如果在我们的城市还保存着与这些照片、遗物、雕塑、美术作品及电影密切相关的战争“废墟”，将可以让后人在实地了解更为完整、真实的历史，也可以全方位获得见证中国的真实历史纪录。

作为第二次世界大战的战败国德国与日本，以保存战争“废墟”向后人昭示他们的战争罪行、见证发动第二次世界大战的罪恶历史，同时也表达德国与日本人民渴望和平的心愿。

第二次世界大战的往事在德国虽然早已成为过去，但在西柏林的库当大街一侧静静矗立的威廉皇帝纪念堂“废墟”还在无言地诉说着城市历史。当年纪念威廉一世皇帝的显赫建筑如今已作为“废墟”成为柏林乃至整个德国的标志，其意义远远超出一座建筑、一处遗迹的内涵。1891 年，威廉皇帝纪念堂建成之际，谁也不曾预料百年之后这座建筑却成为“废墟”，而名声远高过于当年。

威廉皇帝纪念堂于 1943 年毁于战火，当年西柏林市政府曾经计划将纪念堂“废墟”予以铲平，此项计划立即引起了 20 世纪 50 年代西柏林市民的抗议，因此纪念堂“废墟”被保存下来作为历史见证。不久，紧邻纪念堂“废墟”一侧建成一座新教堂，现代建筑的洗练与表层同一肌理更加衬托出“废墟”的历史魅力。如今新教堂与“废墟”并立，向人们更加生动地诉说柏林的昨天、今天与明天。

作为日本广岛和平纪念公园的历史标志，广岛县产业奖励馆锈蚀的穹顶钢筋和断壁残垣“废墟”，能够让历史重回到 50 多年前原子弹爆炸的时光与现场。广岛县产业奖励馆为捷克建筑师简・勒泽尔（Jan Letzel）设计的一座新古典主义框架结构钢筋混凝土建筑。原子弹爆炸后，以爆炸中心为圆心，半径 2 公里范围之内的建筑几乎全部消失。产业奖励馆虽然被毁，但却是爆炸中心区附近在冲击波之后没有倒下的建筑“废墟”。战后广岛市将产业奖励馆“废墟”保留下来作为原子弹爆炸事件的历史见证。

（3）城市“废墟”见证中国

中国城市的历史可以归纳为一部中国城市战争史。有史可证，从春秋战国时代的列国之争到 20 世纪 40 年代解放战争的三大战役，绝大部分战场都在城市。甚至可以这样认为，历史上几乎所有战争的主要争夺目标都是城市。

历代金戈铁马驰骋东西南北兵临城下，无论是守城还是攻城，都留下以城市战场为主题的千古史诗：从韩信“明修栈道暗渡陈仓”到诸葛亮的“空城计”，从罗成“夜打登州”到李自成铁骑进京，从辛亥革命的武昌起义到日寇“南京大屠杀”，从十九路军血战广州黄花岗到解放全中国的城市攻坚战，均在不同时期留下数不胜数的战争“废墟”。无论是饱经战火的城郭街区还是面目全非的码头车站，还有那些饱受战争创伤的学校、医院、孤儿院和图书馆，尽管当时满目“废墟”，甚至让人感到悲愤、悲伤与凄凉，但是如果我们站在城市历史的台阶上俯视这些战争“废墟”，就可以意识到正是这些战争“废墟”成为城市历史的真实见证；也正是这些城市战争“废墟”足以见证中国解放而迈向独立自主、自强崛起至和谐社会伟大历程。

城市是国家文明的标志。作为世界四大文明体系之一的中国历史全部贯穿于历代城市之林。城市的进步与伟大并非仅仅体现于现代建筑及其新开发区，而城市的文脉、精神、内在力量与伟大纪录却深深地蕴涵于历史文化、土地、空间及其具有见证价值的“废墟”。但是，我们一度对城市历史却形成误区：对那些拥有历史见证价值的城市“废墟”在观念上出现两个极端——一方面以摧枯拉朽之势一概予以彻底清除，另一方面则计划乃至着手重金重建。譬如，多年来“重建圆明园”之声不绝于耳，争议四起。事实上，“重建圆明园”不禁让我们联想到“重建古罗马”！或许圆明园“废墟”见证北京、见证中国的历史价值远远大于“重建圆明园”。当我们面对圆明园“废墟”，我们才可以真实地感受到民族的历史耻辱，才可以从内心深处真正地激起爱国情怀。中国只有强大，战争“废墟”就绝不会在我们城市再次出现。

城市不仅仅需要以堆砌台阶追求伟大，更需要以更多的坡道切实体现城市生活品质的舒适与方便。

19. 细部决定城市品质

1）台阶的“自白”

我的正规名称是“台阶”，中国人也俗称为“坎”。

通常，我坚守在建筑的底层，现在被广泛地应用于城市公共空间与设施的连接部位。我的作用主要是为人们上下到不同高度提供转换平台。甚至可以这样说，没有我就没有城市！

可是，我的形象、功能及其地位却日益面临现代城市带来的系列挑战。历史上形成的“高高在上”、“朝拜”与“等级”象征正在被人性化的平等和谐设计取而代之；往日台阶的“庄严”、“宏伟”与“气派”不断受到城市舒适生活的质疑与批评。显然，问题的根源并不仅仅局限于技术层面的台阶，而是那些崇尚台阶、迷信台阶、需要台阶、设置台阶者的意识与观念。

2）苏黎世：“我在这里等”

位于苏黎世市中心的税务局大厦，是一座准现代建筑。简洁洗练的风格在古城传统建筑群中显得是那样谦恭，从整体尺度到外饰基调都将自己定位于“配角”的位置。因此，透视城市轮廓线时你可以发现这座建筑谦和地融入环境及景观，并不刻意张扬。

税务局大厦与街道之间有一个袖珍广场，设有一排排木质座椅供人们休息。从人行道经袖珍广场进入税务局主厅，却没有遇到任何台阶。这确实是一种少见的办公楼主入口设计，让人感到自然、亲和与方便。

大门左侧在我们认为应该设立台阶的地方却没有台阶，只是一片作为出入口屏障的景墙，细部处理富于艺术情调。墙下部约 40 厘米高处设有六个亚光不锈钢小圆环。贴近小圆环上方一块刻有德语的金属板，文字译成中文为“我在这里等”。那么究竟是谁在这里等呢？原来这个“我”是狗，小圆环是系狗的装置，主人可以放心进去办事。

“我在这里等”显然比那些常见的“存狗处”及“看狗每小时十元”要显得更为幽默及亲切感。

3）香港：失去台阶记忆的城市门户

赤蜡角空港是香港的城市门户。当你进出这座空港时只要稍加留意，便可获得一个意外发现：脚下居然没有任何台阶。

香港是一座濒海山地城市，大街小巷台阶随处可见。但是，从中环、九龙市内办理登机手续开始，乘上快速轻轨列车或巴士直到进入空港登机，一路畅通，没有一级台阶拦住你的行李车。

快速轻轨列车空港终点站位于进港与出港大厅的 1/2 中间层，以剪刀式坡道与空港进出港两层大厅连接，进出空港旅客上下车非常方便；尤其是坐轮椅的旅客可以直接从飞机出口一路顺利经坡道进入快速轻轨列车。通往市区的巴士站也是以坡道与候机大厅连接，途中没有一级台阶。

一位英国建筑师朋友笑着说，作为香港门户的这座空港在设计时失去了对台阶的记忆。

4）哈佛大学：台阶留下的遗憾

终于来到仰慕已久的哈佛大学设计学院正门口，下车后就注意到出入口路边三级不高不低的台阶。由于没有在出入口设立坡道，坐在轮椅上的学生或来访者进出院馆时就显得相当不便，进入魂牵梦绕的设计学院首先就必须战胜这三级装饰性的台阶！这一情景使人深为感慨。哈佛大学设计学院在建筑、城市与环境设计领域拥有至高无上的学术地位，可是在院馆设计时却忽略了无障碍设计的一个细节。

哈佛设计学院一位学友颇有同感：设计学院培养学生的设计素质首先需要从院馆设计的细部开始，这是对学生熏陶及潜移默化的起点。

5）武汉：台阶上的银行

位于武汉建设大道的建设银行以其高度及“中西合璧”风格曾一度被誉为这座城市的标志性建筑。主出入口处以数级台阶显示出银行的高贵气派与尊严。

时常见到年长者进出建设银行上下台阶时的艰难情景，由于台阶中间没有扶手，一些年长顾客只得扶着墙边小心翼翼地踏上台阶，雨雪天气更是不便。

银行的主要功能究竟是为人服务还是一味追求自己的显赫高位呢？！

此刻，我想起了位于香港中环的汇丰银行，底层全部架空，将德辅道与皇后大道连成一体，南北约1.5米高差全部以折板坡道形成一个开放式广场，将建筑融入城市，将银行的私有领域空间转化为城市公共空间。这是汇丰银行的视野与胸怀，也是这座银行对于城市的贡献。顾客分乘上下自动扶梯进出位于二层的营业厅，十分方便。

国内许多银行建成为台阶上的“城堡”，层层叠叠的台阶并未象征“财富堆砌”的雄伟及高大，只是显得安全有余、方便不足。

6）毕尔巴鄂：减去台阶的空港

毕尔巴鄂静悄悄地藏在西班牙与法国接壤的崇山峻岭，沐浴着曾经是罗马帝国古战场的历史余晖。可是，尘封岁月的断壁残垣越来越远离热门旅游胜地，人们逐渐淡忘这座偏僻的山城。

20世纪80年代末期，毕尔巴鄂与美国古根海姆财团达成协议，在毕尔巴鄂建造一座新“古根海姆美术馆”。设计方案最终确定采用美国建筑师F·盖里的作品。

一座超现代“古根海姆美术馆”建成后立即轰动世界，第一年就有200多万游客涌入毕尔巴鄂参观游览这座举世罕见的奇特建筑。显然，一座真正标志性建筑可以改变一座城市的命运。

毕尔巴鄂为适应旅游事业发展，特意扩建空港。从马德里飞抵毕尔巴鄂空港时值早晨7点，进入空港发现室内居然没有自动扶梯与楼梯，进出港大厅上下均以坡道连接，进出空港的停车场、出租车与巴士站的客流也主要依靠坡道。这种无障碍设计坡道很受旅客欢迎，既安全又方便，而且节省了大量能源。

联想到国内许多机场到处是台阶、楼梯与自动扶梯，是否可以从毕尔巴鄂空港得到一些新的启示呢？至少在节能方面可以采取一些合理措施。

7）东京：谷口吉生的坡道

日本建筑师谷口吉生以成功设计系列现代美术馆而获得世界性知名度，尤其是他设计的纽约大都会现代艺术博物馆建成之后，谷口吉生更为引人注目。

20 世纪 90 年代，谷口吉生设计了一座位于东京湾东侧海岸的海洋艺术中心。这座建筑从室内平面到外部造型极其简练，几乎没有留下任何拖泥带水的累赘手笔。

一天下午，夕阳撒向海面的斑斓光点隐隐约约透过海洋艺术中心的磨砂型玻璃幕墙，光影之间有几对年轻夫妇推着婴儿车在室内坡道上谈笑风生，他们是那么悠然暇逸，这种情景实在让人感到现代城市生活多么美好！

原来这座建筑楼层之间除了必要的设备及消防电梯之外，上上下下主要以坡道联通。这是一种富于生活情调的人性化设计，为人们带来舒心愉悦的海滨动态视觉感受。

8）柏林：国会大厦的螺旋

前苏联电影《攻克柏林》有一组激动人心的镜头：英勇的苏联红军顶着德军的枪林弹雨攻占国会大厦。后来，国会大厦的穹顶框架成为第二次世界大战的历史纪念标志。

原联邦德国和民主德国合并后，定都柏林。修复国会大厦计划选定英国建筑师 R·福斯特的设计作品。穹顶保持原形，以示对历史的尊重。穹顶为国会会议厅的顶部，成为国家及柏林城市博物馆的共享空间。

人们进入穹顶内大厅，经由仅有挂靠穹顶外壁框架及玻璃屋顶的双螺旋坡道上下循环，步移景异，柏林城市景观 360° 全方位尽收眼底。游客在坡道上随处留影，背景是柏林晴朗的天空和生动的城市轮廓线。

穹顶顶部是一处休息观景平台，中间设置的不是座椅而是躺椅，人们在躺椅上仰望蓝天，极目星空，陶醉于心旷神怡的情景！

从双螺旋坡道到躺椅，这种设计上的表现并非单一技术所界定，而是建筑师来自建筑融于城市、融于自然的灵感与情怀，也体现出国会大厦充满人性的定位及其空间尺度的细部。

9）台阶的反思

台阶曾经无比自豪地为城市居民提供了所有上下运行的必经之路。可是，为什么从建筑到城市许多地方的台阶正在被坡道取而代之？

在美国的城市，凡是有台阶的地方就并存无障碍设计的坡道——这是国家城市法规。在日本、在欧洲，越来越多的建筑台阶正在让位于坡道。

坡道为所有人带来方便，而方便是评价城市功能的第一准则。

然而，在我们身边的城市似乎大造台阶运动有增无减，而与台阶相辅相成的坡道有的成为装饰，有的索性转变为其他用途。这是对于城市规则的失职，也是对于城市生活品质的漠视。

城市不仅仅需要以堆砌台阶追求伟大，更需要以更多的坡道切实体现城市生活品质的舒适与方便。

但愿我们的城市不再出现零散、凌乱的“割据局面”，让我们切实学会以系统、整体的观念及其方法观察、思考城市和评价城市，最终形成对于城市的系统和整体性控制。

20. “割据时代”的黄昏

很难想象中国城市发展进程存在“割据现象”。

讨论中国城市发展进程存在“割据现象”，有必要基于国家立场阐述“割据现象”的历史线索。

初步考证，自从中国出现朝代统治的时期开始，任何一位帝王的基本战略几乎都是力求维护中国形象。

尽管国家历史沿革各个朝代的版图不尽相同，但是世界四大文明体系之一“中国文明”一直在形成、延续中国形象。

在秦始皇统一中国建立封建社会前期，中国的历史状况存在的基本形态是“地方割据”。从秦朝以来的历代国家统治者尽管曾经面临无数分裂国家的“地方割据”现象，但几乎都在历次战争与“收复”过程中予以“平定”和“平息”。

中国的国家历史就是一部在不断“平定”和“平息”“地方割据”现象过程的记录。

中国历史上国家版图最为独立完整的时期是 1949 年建立的中华人民共和国，在世界上的国家地位、国家形象、国家实力、国家文化完全超过中国历史上任何一个朝代。

中国幅员辽阔，地理位置横跨 49 个地球纬度。与地球不同纬度孕育不同文化特色同理，多纬度国家地理环境孕育了多元地方文化。而地方城市文化正是多元地方文化的象征与结晶。

“地方割据”与国家统一对立。一个拥有独特文明、主权独立、领土完整、中央政府行政统一管理以及自立文化体系的国家不允许“地方割据”现象存在。中国以自己的文明、信仰、传统、政策、文字、语言将 56 个民族和国家版图所拥有的“地方”（目前除台湾省以外）完全统辖，在世界格局中正在形成一个拥有强大政治、经济、文化影响力的大国形象。

自从 20 世纪末叶中国加速实现国家“城市化”进程以来，几乎普遍重复出现类似于西方发达国家“城市化”进程中曾经出现的“割据现象”。是否所有国家在实现“城市化”过程中都必然会出现“割据现象”？这是一种规律还仅仅是偶然的现象？在此，针对中国近 25 年所发生“城市化”相关的历史事实，作出下述解析：

（1）从城市计划经济过渡到城市市场经济体系，以往“城市大锅饭”进入“城市市场经济体制”。城市间由于地域文化差异。国家给予城市经济政策区别性以及城市发展思路的不同战略支点，导致从地方到国家市场经济体制下的城市先后开始实施竞争机制。最初起步阶段的竞争局面不约而同出现各城市封锁“市场”的本位“垄断”现象，在资源保护与利用以及销售网络控制方面实行“割据”；一些中小城市甚至不惜一切代价追求所在地区市场的“霸主”地位，城市高层主管奉行“以我为中心”或“唯我独尊”思路，在区域城市体系中力求在资源及市场“垄断”方面成为“老大”。于是，周边及相邻城市间关系紧张，城市边界地带陆续出现一些不和谐的民事纠纷。有的纠纷有历史渊源，有的则是城市现行“割据政策”所导致。城市边界社区基层干部忙于调理民事纠纷，解决问题的“瓶颈”往往就是一时难以逾越的城市现行“割据政策”。直到一个特定历史时刻，城市现行“割据政策”取消（多半机会来自城市高层主管人士换届），城市高层新主管奉行开明与开放政策，“割据”之墙被拆，区域城市群之间呈现八面来风、皆大欢喜的顺畅局面。

（2）各城市普遍缺乏"区域"和"区域协作"意识，具体表现是城市级项目决策习惯于各自为政追求本市"大而全"。如果A市上一个会展中心大项目，B市不会甘于沉默，肯定以"不服气心理"作出攀比决策。有意或无意识从规模到建筑等级方面制定出决一高低的开发计划。广东珠海与深圳、山东威海与烟台之间距离几乎相当，如果从区域城市规划角度予以论证或评价，确定相邻城市间的协作以及基础设施共享模式，在这两个城市之间适当距离建一座民用机场，初步计算值表明机场服务半径可以满足两个城市的需要。然而现在事实却并非如此，上述四座城市各自拥有一座民用机场（威海与烟台为军用机场同时转入民用，目前各城市新建民用机场候机楼，以民用为主）。

（3）20世纪90年代，城市土地资源一度被各种"名义来头"、"超级实力"、"转手炒作"和"外资优先"租赁征用，然后再多次重复"土地转手交易"。获得土地开发权并最终实施开发的开发商无不希望以高商业效益填补土地转手交易额。于是，向政府有关主管部门争取到高开发指标（通常为容积率与覆盖率）成为开发者的头等事项。相当多的项目主持开发者或许并非主观，而是被"逼"得实现"割据"开发策略，几乎很少顾及左邻右舍单位的建筑群景观协调以及城市物理因素。结局导致城市旧城区或新区出现一些"孤岛"式高层或超高层建筑。单座建筑或许显得"高大雄伟、气势非凡、地王标志、富丽堂皇"（流行于华南城市的广告语），在建筑技术方面也体现出相对程度的先进性。但是，基于城市形象透视，发现城市轮廓线直至整体景观已经被一些"孤岛"式高层或超高层建筑形成"割据"局面。几乎所有这些"孤岛"式高层或超高层建筑无不过于强调自我"标志性形象"，群体建筑之间似乎没有和谐"对话"与"关照"的城市氛围。

"城市割据"或"割据城市"是中国20世纪80年代城市化起步初期阶段一种基本现象。产生此类基本现象的社会背景是"从城市计划经济过渡到城市市场经济"、"原始资本积累"以及"土地资源控制政策、制度以及经营模式不完善"等原因。检讨"割据意识"的根源还是"封建残余"，在一个拥有几千年历史惯性的古老国家，仅仅靠极其短暂的"城市化"过程要消除城市"割据"，可能吗？

城市发展状况事实比我们预料的要更为复杂，"割据局面"仅仅是一种城市表象，要切实解决现存"割据局面"给城市综合体系所带来得后遗症，还需要相当长时间。

由于全球建筑信息流通速率加快，先进建筑技术以及高档建筑材料及其设备全面进入中国市场，导致中国城市建设以及建筑施工周期普遍日益缩短。尽管城市规划主管部门审查单个项目过程已经导入系列评价方法，但是往往却来不及对"孤岛"式高层或超高层建筑作出系列系统评价，而且项目评价过程的预测性往往普遍赶不上城市建设速度。待我们发现某一座高层或超高层建筑成为"孤岛"状态之时，补救措施为时已晚。

进入21世纪，城市土地资源普遍进入规范管理及操作经营模式，城市规划部门对于"孤岛割据"式楼盘或单体建筑规划设计方案的审查普遍导入科学论证体系，这正是扭转城市"割据局面"的开端。

从实质上结束城市“割据局面”，可以先从以下方面入手：

（1）区域城市群应该建立“区域城市联合发展组织”或“经济共同体”，以区域城市发展战略共同协商、制定区域城市自然资源（水源、土地、矿产、旅游风景）、交通设施（铁路、公路、水路、航空）、产业布局（优势互补而不是对立内耗性企业重复）以及教育条件共同协调发展长远计划。

（2）举行区域城市群共同协调发展会议（或论坛）以及文化与经济技术博览会，增进城市群互相交流与合作的更为广泛的机会。

（3）城市的书记、市长办公室必须布置城市整体现状及总体远景规划模型，听取汇报、思考要点、解决问题完全结合模型进行。

（4）对于城市重点项目，城市的书记、市长不宜仅仅听取此项目责任人单方面汇报，必须听取相邻单位（未建、即建或已建）的组合汇报，基于城市系统工程的思路与方法协调各方面成全城市公共大局，避免各自为政“割据”。

作为城市最高决策阶层，对于任何土地资源利用以及开发模式应该基于全局观念作出集体研究性决策；立足城市战略高度预测那些可能成为“孤岛割据”重点项目的前景，基于城市科学明确支持城市土地以及城市规划以及相关职能部门对“孤岛割据”重点项目的系统评价及其审查。不应该是以设置复杂人为障碍去阻止项目正常进展，也不可以抱急功近利心态对项目“拔苗助长”，切实尊重项目的客观运行过程，以顾全城市公共全局为上策避免“孤岛”项目形成任何“割据”状态。

（5）城市规划局提供单体建筑项目的基地文件应该包括邻近周边城区的详细资料，对于单体建筑技术指标以及建筑技术美学标准的控制应该立足于与周边城区相邻建筑群的协调关系。此后，在审查单体建筑设计方案时应该明确要求设计单位提供本体建筑与周边城区相邻建筑群关系的技术说明及评价文件（包括图纸、模型以及模拟分析表现）。土地与规划审查职能部门也必须从城市宏观整体、城区中观直至“项目建筑”微观的系统过程评价任何报批规划设计方案。

但愿我们的城市不要再出现零散、凌乱的“割据局面”，让我们切实学会以系统、整体的观念及其方法观察、思考城市和评价城市，最终形成对于城市的系统和整体性控制。尽管这个过程还需要相当长时间，但城市和谐局面新的一天已经开始，因为城市“割据时代”已近黄昏。

全球经济一体化，绝不是全球城市一体化。中国城市发展与危机同步，从根本上处理与对应危机并不是仅仅依赖“硬道理”，而是需要立足于城市思想与战略的“软道理”。

21. 城市发展的“软道理”

城市记录人类思想、情感与成长过程的所有片断。

如果将人类社会比喻为地球上的一棵大树，那么城市就是这棵大树的年轮。

一代又一代人在我们居住的这个星球表面来去匆匆，只有城市仍然屹立在世界的各个角落。

城市文明是中国文明进入世界四大文明体系的奠基石，中国历史的投影与缩影集中于历代都城。

中国拥有世界上最古老的城市，也有世界上最年轻的城市。

中国是一个城市文明古国，也是一个城市文明被破坏的古国。

中国城市经历无数战乱与天灾人祸而延续存在，城市生命力的基因凝固于中国文化的自主体系。

城市“发展”词组起源于20世纪80年代，这是一个极具中国时代精神的时尚术语。

“发展”是城市进步的硬道理，但我们还必须考究城市发展的软道理。

1）城市面临重重危机

欧洲18~19世纪的“工业革命”使人类开始大规模离开乡村流入城市，蒸汽机、地铁、汽车、电梯、电灯、电话、电影、抽水马桶以及装配式建筑改变了世界城市的布局及其命运。

现代城市理念在“工业革命”时代萌生，城市开发模式在“工业文明”四大原则（标准化、专业化、同步化、集中化）基础上渐变形成，城市规模随工业区扩大而急速膨胀。欧洲与日本在“城市硬件”方面率先受惠于“工业革命”系列成果的支持，城市现代化发展程度居世界前列。

未能经受200年“工业革命”洗礼的中国城市与其说是在20世纪末叶20年期间快速接受了“工业革命”的成果，不如说是近乎突然受到“工业革命”成果的冲击——从地铁到高速公路、从集装箱到超级市场、从地下车库到购物中心……来势迅猛的“现代城市硬件”正在改变中国人的心态及其生活与工作方式，传统文化及其生活方式受到的冲击程度前所未有，人们的价值观与行为模式也在发生急变。与此同步的城市发展在“普及”、“深入”与“交织”过程中开始出现一系列城市危机——城市模式的雷同性日趋增强、城市文化的差异性逐渐模糊，趋于沉重的交通负荷压力降低了城市运行效益……

基于现代系统工程理念的城市控制对于多元文化的内外渗透以及社会各类组织的多重组合日趋弱化，城市规划、城市开发以及城市管理的“盲区”与“误区”与日俱增，如何在系统上予以敏感而又切实对应？城市高层几乎束手无策。

如何面对前车之鉴？中国城市现状是否正在重蹈发达国家覆辙？

当以网络时代为标志的“科学革命”将全球城市连成一体之际，中国城市跻身于世界的信息与生活开始同时在同一地平线上流动……此时，在世界城市背景下，在遵循“发展是硬道理”的城市开发过程中，面对无数困惑与危机，我们可以更为冷静而又清晰地思考关于城市发展的另一个基本侧面：全球经济一体化，绝不是全球城市一体化。中国城市发展与危机同步，从根本上处理与对应危机并不是仅仅依赖“硬道理”，而是需要立足于城市思想与战略的“软道理”。

2）“城市流行病”蔓延中国

20 世纪末叶的 20 年，毋庸置疑，中国城市发展取得了举世关注的伟大成就，但是，从国家到城市、从环境到资源、从自然到文化都为此付出了相当沉重的代价。

各项关于诊治“城市流行病”的对应政策以及整治城市环境的应急措施，均未从根本上把握城市发展的命脉与文脉。究其基本原因，从上到下的思维模式以及决策判断依据无不建立在城市发展的“硬道理”方面，过于注重以各项“经济指标”叠加而成的政绩，或者一知半解地追逐装点表面化的重点项目。各类城市“大动作”尽管被媒体炒作得五光十色，但是高成本、低效益的城市开发结局几乎很少被冷静反思与检讨。其中，危害最深的显要城市问题是举国上下的跟风“城市流行病”——

20 世纪 80 年代初，深圳推出旅游项目“锦绣中华”，于是，类似的“锦绣中华”项目在各地纷纷上马，结果昙花一现，绝大多数中途夭折或最终倒闭。

20 世纪 80 年代中期，“仿古一条街”风行全国，假古董盛行，扭曲传统与地方文化，至今留存非常有限。

20 世纪 80 年代后期，模仿美国硅谷开发模式，许多城市的高新技术园区均以“谷”命名，诸如武汉的“光谷”、杭州的“天堂硅谷”等不一而足。

20 世纪 90 年代初期，“广场风”从大连几乎刮遍全国；更有一些中小城市不切实际好大喜功建大广场，内容大而空，形式大而不当，劳民伤财。

20 世纪 90 年代后期，“新天地”在上海旧城改造中问世，随之各地类似“新天地”项目风起云涌，似乎评价城市旧区改造的成败仅仅需要以与“新天地”的仿制距离来衡量。

20 世纪与 21 世纪交替之际，“大学城风”遍及全国，与珠海、上海、广州攀比规模，唯恐本地“大学城”落在其他城市后面。大学迁址以及规模扩大通常被“拉郎配”以及“快速扩张组合”，而没有对大学本体教学与研究实际需要进行前期必要论证，导致一些大学战线过长，管理失调，出现一系列困境。

21 世纪初，“会展中心热”仍然在许多城市有增无减；会展中心确实利用率高吗？在运营成本上确实可以实现自给吗？结论仍然不明朗。其实，多数已建成的会展中心闲置率高，需要政府以巨额财政补贴养护。可是有谁曾经向纳税人说明这些城市财政的隐忧呢？

CBD（城市商务中心区）旋风目前仍在席卷中国大地，许多城市都在竞相建设引以为豪的标志性 CBD；与其同步的“流行病”是从北京传出的 SOHO 热，从项目商业策划、规划直至上级主管审批，都认为 SOHO 为现代标签。

中国地域文化与经济状况存在明显差异，每一座城市接受“CBD”概念的规划与发展模式应该有所区别。武汉市区（汉口）有一个王家墩军用机场于 20 世纪 90 年代交给地方，城市有关部门决定以此机场为基地开发“CBD”。在项目论证阶段，有学者提出：“如果我们作出对立思考，在这个机场不开发‘CBD’，而是逐步开发成一个‘城市森林公园’，对于改善城市居住生活品质不是更为适当吗！武汉市人均绿地拥有率在全国城市范围内偏低，机场周边皆为居住密度高的街区，如果这里有一座‘城市森林公园’，将会卓有成效地提高城市整体性居住环境品质。”

目前，对应于市区所留存机场如此大规模的“宝贵空地”，中国城市决策者关于城市发展的习惯性思路是将“空地”变成效益高的房子和商业广场，几乎没有人愿意去建什么“城市森林公园”！甚至会嘲笑提出“城市森林公园”建议的学者是多么天真和缺乏商业头脑！

此外，“大剧院热”、“市政中心迁址热”与“标志性建筑热”也是一波未平，一波又起，城市首脑的工作重心及政绩重点往往是那些显而易见的重点项目……

“城市流行病”与“跟风热”的根源在于城市当权者不具有独立思考的独特城市发展战略，思维模式与决策途径仅限于发展的硬道理，首先是打造张扬性的城市排场“规模”与“表象”，沉溺于不切实际的发展浮夸风制造了一系列“豆腐渣工程”与“破坏性开发项目”；一味追求“城市规模经济”，却在本质上忽视了“城市生存空间品质”。

反思中国城市发展过程遭遇“流行病”所产生的系列病状及后遗症，病根在于20世纪70年代后期国家对于城市发展前景预测不足。当时，中国政府极其缺乏既具有国际视野又熟悉国情的城市战略家，以致在全国城市发展起步阶段所制定的关于城市发展政策没有国家城市文化发展战略，对于各地城市文化的保护与延续尺度缺乏系统科学定位。与此同时，中国政府失去了20世纪70年代后期及80年代初期城市发展起步阶段控制城市规划、控制国家土地资源、控制城市开发尺度、控制城市生活环境的时机，只是等到城市问题成堆、“城市病”积重难返之际，才开始推出各种应急与补救措施。可是，城市建设的“地表时间痕迹”太重！山挖了、树砍了、屋拆了、湖填了、路堵了、楼炸了、人走了，一切都是一去不复返，城市失去了文化内涵和应有的历史魅力。

——这是一个时代的遗憾，也是一项历史的见证。

3）时光倒流的中国城市

在一个拥有2000多年文字记载历史的文明古国，时光倒流的思考方式是中华民族的本性。

在历史进展的任何时刻，“怀旧”与“反思”并非倒退与复古，而恰恰是温故而知新的途径。当这个时代城市发展的速度过快简直来不及沉思之际，适时将审时度势的基点退回到一个特定历史性时刻，或许可以获得新的见解与启示。

（1）深圳的故事

中国城市画面的“蒙太奇”回到1980年——

中国城市百废待兴，改革开放的号角呼唤城市现代化的春天。

1980年2月，上海滩春寒料峭，我参加了同济大学城市规划教研室一次重要会议，讨论北京某院提出的“深圳经济特区规划”。

深圳！一个震撼人心而又充满神秘色彩的地名。尽管在当时的中国地图上还找不到这座“城市”的准确位置，但是“特区”给我们所带来的陌生而又新鲜的直觉激起心中南国新城空间想象力的千层浪花。

20 年后，作为深圳特区城市文脉的“根”——宝安县城这座当年边陲小镇的旧街区几乎荡然无存；城市中心区转移至福田，罗湖区由于“停车难”而似乎出现衰退迹象……

从“深圳城市现象”可以看出：作为一座“特区城市”的发展，尽管硬道理已经开花结果，可是作为解释与见证这座“特区城市”发展的软道理却显得相当薄弱，仍然需要历史的积累与文化栽培。

(2) 厦门鼓浪屿的石板路

1979 年初夏，第一次到厦门鼓浪屿作建筑测绘。

光着脚丫踏上小街高高低低、弯弯曲曲的石板路，仿佛身心贴近大地，感受到鼓浪屿海岛石筑的自然生活情调。这是永远难以忘怀的大海之恋，每当想起鼓浪屿，首先就会想到岛上的异国风情建筑与台湾相思树之间那一条条深深地蕴含人性尺度的石板路……

建设一座城市，事实上是营造一个地方居民的生存方式与生活氛围。19 世纪中叶以来，由于不平等的《南京条约》导致中国清政府开放“五口通商”的历史背景，鼓浪屿开始形成一个拥有欧洲生活情调的海岛社区。尽管建筑风格是欧洲舶来品，但是建筑材料和铺满街巷的天然石板却是来自本地。这是一种历史见证，也是厦门城市编年史的一页。

2003 年再次去鼓浪屿，当年的小街石板路已经无影无踪，取而代之的是一块块规整平淡的水泥板。

天然石板与人工水泥板是完全不同的两种质感，也是两种城市美学意识及其审美价值观的体现。如果当年遗存环境典型元素被随意更改，意味着厦门这座滨海城市文脉似乎被割断，鼓浪屿还称得上是名副其实的鼓浪屿吗？！

(3) 江城武汉的眷念

1966 年第一次到武汉，觉得这里是世界上最大最美的城市。

长江与汉水在武汉汇合口的西侧与南侧，龟蛇二山拔地而起、隔江相望。毛泽东生前非常喜欢武汉的山山水水，曾经满怀激情写下“龟蛇锁大江”的壮丽诗句。

20 世纪 90 年代，一座电视塔突然在龟山顶傲然屹立。顿时，龟山的整体视觉尺度降低，显然，龟蛇二山已经难以“锁”大江！

据当时武汉有关报道：电视塔主管部门认为，“电视塔选址建在龟山顶完全合适”。城市规划专家却持有不同见解：“龟山顶如果建电视塔，将会破坏作为山水城市武汉的天际轮廓线。电视塔决不能建在龟山顶，需要另行选址。”结果，武汉的城市规划未能制约电视塔主管部门的决定，龟山被压在高高的电视塔下，留下历史的呻吟。

这种现象曾一度在中国城市具有相当普遍性：“与天斗、与地斗，重点工程破坏自然环境理所当然”；“领导讲话重视城市规划、领导批示否定城市规划”——无疑，电视塔凌驾于龟山顶正是武汉城市规划的最大历史遗憾！

一次梦境：汉阳龟山顶上的电视塔被三架直升机整体吊装移位至沌口，龟山恢复原景，晴川沥沥、芳草萋萋，碧空远影、大江东去。

一位武汉建筑界学友对我说：“如果时光可以倒流，我真希望龟山能重现本来面目。”

众所周知，世界上有无数座城市电视塔，但地球表面却只有一座龟山！如此拥有两江交汇、两山相峙山水自然景观的城市中心举世无双，可以基于 1000 个项因素将电视塔选址于龟山之外的适宜地点，但是却没有一条理由以一座电视塔而破坏龟山的自然景观。

(4) 上海，浦西高楼森林

上海从 1843 年 11 月 17 日开港至 20 世纪 40 年代，经历了 100 年的租界时代。

被哈佛大学历史学家费正清教授称为“条约世纪”的上海租界时代留下一批城市建筑遗产——浦西石库门、里弄以及凝聚异国风情的街巷成为中国近代上海成长的历史见证。无论是以城市结构、城市景观、城市肌理、城市尺度还是城市生活氛围等综合要素评价，20 世纪 30~40 年代的上海与当时的巴黎、伦敦比较已经不相上下。

1949~1979 年，浦西的城市环境得到保护，考察这个时期的城市建设体系发现：旧城区仍然沉浸于传统的城市生活方式，所有新建筑没有出现一座模仿欧陆风格的复制品。

1980 年以后的上海城市规划与开发导致浦西的原生城市环境多被高架路与高层建筑肢解，从任何一个视角都可以发现浦西面貌发生了“巨变”。

“不变”与“巨变”是世界上任何一座城市的两个历史侧面。并非仅仅只有通过破旧立新的“巨变”才能使一座城市实现现代化与国际化，如果一座城市文化的力度能够“以不变应万变”，凝聚城市主题文脉的社区在任何新的城市发展规划之列仍然得到保护、完善与存在，那正是上海需要考虑的城市“软道理”。

让我们作出一个时光回归的设想：1980 年的上海城市规划将高层建筑全部集中布局于浦东，将浦西与虹口具有历史见证价值的街区及其建筑群完整地保存，在尊重历史渊源价值的基础上对老街区旧建筑作出保护性修缮、完善城市基础设施、保全城市历史景观性细部……可以想象，今天的浦西将会向世界作出何种蕴含城市文脉的表白?

历史的镜头又向前推进 500 年，那时的城市历史学家考察上海发展过程的考证视点首先投向之处将仍然是从苏州河与黄浦江汇合口到浦西及虹口的“老街区”。

4）中国城市发展的软道理

全球经济一体化、国际分工与协作、生活空间品质、地方文化特色逼着中国城市进入 21 世纪世界城市发展的“十字路口”。

“环境”、“交通”、“产业”、“风格”成为中国城市进入 21 世纪发展所面临的战略问题焦点。

截至目前，中国城市发展战略的困惑基点是“城市文化危机”、“城市定位模糊”以及“城市环境隐患”。 其根源在于城市思想领域荒芜，民族思维方式的劣根性在城市决策阶层潜移默化，以“随大流”和“跟形势”的中庸心理扼杀了独立思考的软道理。

——可以这样认为：中国目前城市发展现状的无数遗憾之处正是缺乏软道理支撑所造成的系列“开发性破坏”与“破坏性开发”。

面对遭遇系列“开发性破坏”与“破坏性开发”的城市局面，中国城市当权者首先必须明确与城市"软道理"相关的基本概念，需要从根本上懂得什么是"城市文化"、什么是"城市文脉"？什么是城市的"文化战略"？你所在城市的"根"究竟在哪里？你所在城市最有文化价值的"城市元素"是什么？你所在城市与其他城市的"文化区别性"何在？你所在城市规划的"文化主题"是什么？你所在城市的文化如何接受历史的检验与"清算"？

我们站在21世纪的时代台阶上考究城市发展的"软道理"：

（1）城市硬件国际化、城市软件地方化

道路、通信、能源、市政、环境工程、城市信号标志等基础设施标准和规范必须与国际接轨；民情风俗至生活方式、建筑风格至城市景观、建筑材料至环境细部、人文资源至旅游景点务必注重地方特色，一方水土养一方人，一方水土植根一方城市的生命。城市必须积累形成与任何其他城市的差异性，有区别才能存在。

（2）文化擦亮城市面孔、思想决定城市战略

城市之间在经济、科技等所有领域的竞争，最终较量的是城市文化。任何城市的生命基因是凝聚历史与文化的城市文脉。

衡量一座城市发展健康的标准首先并不是规模，而是保持城市文化特色的程度。

城市文化的凝聚力与历史性闪光点是城市思想。没有思想的城市犹如没有灵魂的人以及没有主题的文章。

（3）城市生存空间品质永远第一

城市发展的基本点是确保城市生存空间的品质，"伟大"与"舒适"的区别在于城市工程的尺度定位。如果忽视居民生存空间的细部而一味追求标志性重点项目的显赫与纪念，将会在城市发展战略方面产生误区，甚至使城市发展方向误入歧途。

以牺牲自然以及适宜居住环境为代价所换来的某些"公害转嫁项目"效益的悲剧不能重演！面对被污染环境的报复以及那些潜在威胁生命的"城市病"，我们是否应当冷静地反思：在政绩与无数经济增长指标后面还隐藏着哪些忧患？

在城市发展的软道理面前，何去何从？需要我们这一代人或许几代人来回答这个问题。

在第一座长江大桥通车50年之际，“中国城市十字架”的结构体系已经完全具备整合以及链接基础。

22. 中国东西南北城市纵横格局

1）沿海“城市圈”倾斜

目前，“渤海湾城市圈”、“长江三角洲城市圈”以及“珠江三角洲城市圈”在中国社会舆论界达到沸点状态。

纵观目前中国城市区域格局“板块”，沿海以天津、上海与广州为中心的三大城市群正在聚合成“圈”之势，这不仅是城市地理的历史过程局面，内在关系在于成“圈”之城市群已经在区域经济、文化以及社会机制方面形成既相互牵制又彼此竞争的关系网络。

事实上，至今存在三个“城市板块”：“东部城市板块”、“中部城市板块”以及“西部城市板块”。三大“城市板块”不可能实现完全平衡，但也不能不实现相对平衡。而“东部城市板块”如果过于倾斜，则会导致中国“城市化巨轮”翻船。

进入 21 世纪，中国开始推进“开发西部”的发展战略，显然，这是扭转国家发展东西部非平衡格局的明智之举，在国家整体性发展过程中具有深远的历史意义。

深入西部实地考察，从宏观整体上初步发现东西部发展存在系统性差异，仅仅以城市模式评价东西部文明程度，首先在城市综合素质上考证，西部城市从发展战略到基础设施、从环境配置到建筑品质，还需要经历一个相当长时间的过渡与完善。

实现“开发西部”发展战略的基本途径是逐步提高西部“城市化”程度，只有在结合西部区域实际中探索出一条“城市化”之路，才有可能实现“开发西部”的战略目标。但是，“盲目开发”以及“过度开发”都将会导致“西部开发病症”。为此，可以断言：“开发西部”将会导致“破坏西部”，因为目前一系列开发基础条件及其模式并不具备理性与相应法制的保障。

“开发西部”不如定义为“保护西部”。

西部首先必须保护，其次才可以拟定长远“开发战略”。

从沿海三大“城市圈”将现代城市文明普及到西部“城市化”，无疑是国家“城市化”整体战略的核心步骤。城市文明的传播与普及既是一种历史现象，又是一个历史过程。19 世纪中叶，号称大英帝国的东方远征军以炮舰政策迫使清政府实现“五口通商”之后，推进“租界城市化”的途径主要沿长江向中国腹地渗透，西端停留于湖北宜昌。由于长江三峡天险所阻，西方城市文明未能溯江而上。

考证世界发达国家“城市化”进程以及近 25 年来中国“城市化”发展历程，可以得到以下见解：

（1）城市化趋势由“点”启动，通常是一个拥有文化影响力与经济扩张性的城市。其“文化影响力”与“经济扩张性”在原始启动阶段不与城市规模成正比，而是与其“城市能量”成正比。而“城市能量”通常是由显要的地理位置、独特的城市思想、有远见的城市战略、系统的城市功能、领先的产业结构以及高端城市效益所综合凝聚而成。

（2）城市化启动原点的“城市能量”形成之后，开始进入“圈”范围扩张。首先由环绕（或单边围绕，如芝加哥、上海）本城市核心区开始，城市建成区逐渐延伸沿环城道路扩张。当城市边缘社区与临近城市社区开始出现相互交接或交织状态时，城市“圈”开始形成。

（3）“城市圈”并非一个国家城市化的终结点，而是城市化过程的过渡现象。当城市圈积累以及扩张到相当规模，并逐渐出现沿河流、海岸以及交通干线呈“线形”或“带状”延伸，便逐渐形成“城市走廊”或“城市带”。

1980~2005年，“渤海湾城市圈”、“长江三角洲城市圈”以及“珠江三角洲城市圈”已经形成一定规模，尽管上述三大“城市圈”的面积仅仅占全国面积的6%，但2004年上半年的GDP却占全国GDP总值的50%。这是一种国土资源与GDP总值不相称比例的奇迹，但同时也显示出国家区域发展以及城市化的非平衡现状——由此引起关于沿海“城市圈”倾斜的思考，面对“西贫东富”和“西慢东快”的现实，中国城市化进程可否以新的思路形成新的城市战略格局？

2）武汉开始冲出“失落感”

20世纪末叶，中国现代“城市化”的第一波是深圳。

第二波是广州、厦门等沿海经济特区城市。

上海、天津与大连成为进入第三波“城市化”的开放城市。

“城市化三波”成为20~21世纪中国城市战略格局初具规模的启动内因，其中包括一系列特殊政策及其各类优惠措施。西部城市远望受惠于“城市化三波”而迅猛发展的城市雄姿，多么希望一日千里急起直追实现本地城市现代化，但是由于受到地理位置、经济基础、空间资源以及政策措施的一时约束，城市整体开发进展幅度明显滞后于沿海特区城市。

“城市化三波”似乎从武汉擦身而过，夹在东西部之间的这座中部城市本来素有“九省通衢”的传统沿袭战略优势，但是，一系列发展机遇由于一时缺乏特殊政策以及优惠措施保障而逐步流失。

武汉似乎开始意识到自己一度“被忽视”，中部城市的“失落感”曾经徘徊于城市决策者的思维界面——

（1）在中国城市版图上，武汉的“中间辐射力”与“中部凝聚力”等综合城市素质指标在1980~2000年期间明显下降；

（2）媒体评价武汉为一座类似“大县城”而又充满“市民气息”的城市；

（3）“九省通衢”的内陆流通城市地位正在被“九国通衢”的沿海城市取代；

（4）“一五”计划时期的重点工业国有企业在兴衰边缘挣扎，资源流失现象既发人深省又令人深思；

（5）面对国家对外开放的总体格局，国家资金与保护性城市项目越过武汉而流向沿海开放城市；

（6）“大武汉圈”缺乏周边综合高素质实力城市群支持，中部城市文化与经济网络结构未能培育形成。北方邻居郑州无意与武汉结成“中部城市圈”联盟，甚至正在雄心勃勃与武汉争夺中部崛起的龙头；南部长沙已经与株洲、湘潭结成“长株潭经济圈”，同时广州已经采取特别优惠措施吸引长沙加入“珠三角经济圈”；东部南昌与合肥似乎正在竭尽全力奔向“长三角经济圈”。

显然，武汉的“中心城市”吸引力及其向心力不足以将周边城市整合成“中部经济圈”。

20世纪80~90年代，国家城市发展重心政策侧重沿海开放城市，注重支撑沿海三个“城市经济圈”形成与成长。纵观城市版图，武汉恰恰位于沿海三个“城市经济圈”的腹地中央，武汉与天津、上海以及广州的空中距离均在80~90分钟之间。然而，武汉未能获得与沿海三个“城市经济圈”发展平行的国家政策，或者说即使获得同类政策而由于城市战略及体制内因却在综合素质提升力方面拉开了距离。

透视中国东西南北城市化风起云涌的格局，明显意识到武汉被“冷落”20年。于是，“中部塌陷”、“中部衰落”甚至“中部消失”之说覆盖了沉寂多年的城市思考：武汉如何确定自己的发展战略?

进入21世纪，开发“大武汉”的视野及其自信心开始跃入城市总体规划蓝图，引人注目之点是启动“汉阳新区”以及武昌六湖连通整体开发趋势;与此同时,江夏区“光谷”、蔡甸区“汽车制造基地”、黄陂区“航空港/国际物流中心”以及新洲区“阳逻深水港码头”战略级项目正在形成武汉从中部发展崛起的城市新一代基础产业结构。

3）武汉发展战略的“迂回时期”

基于城市发展战略的城市性质及其目标定位，武汉经历了迂回曲折的探索期——

20世纪50~70年代，武汉是中国内陆最大的制造业基地及其交通枢纽城市；

20世纪80年代——以流通为主体产业的内陆型枢纽城市；

20世纪90年代——东方芝加哥、国际化大都市；

21世纪初——立足于高科技产业及其高等教育事业、以制造业为主体的现代化城市。

事实上,20世纪90年代以来,武汉发展战略目标侧重偏向“国际化”、“高科技化”及其“制造业基地”的三重支撑定位，在相当程度上忽视了本地特有的地理及其空间资源优势——国家中枢以及国际中枢。

武汉拥有得天独厚的“中部地理位置”，正是因为具备“中部地理位置”的前提条件，形成武汉市战略发展格局的基点并不是仅仅局限于武汉三镇，而是以武汉为中心的“中部”。

但是，区域性中心城市的定义如果停留于本城市的范围，而不是从“国家—区域性凝聚、辐射以及相互关联能量构成”的“城市圈”或“城市带”方向定位城市宏观功能,城市的“中心”尺度将会是局限乃至封闭型“小中心”，而不是拥有战略性大尺度的“大中心”格局。

武汉拥有战略性大尺度“大中心”格局的首选目标是建立“国家中枢以及国际中枢”。但是，目前武汉市的基础条件离这一城市战略目标尚存在相当大的距离。缩短距离的努力并不仅仅在于武汉市自己，而首先取决于武汉是否能够建立“中部城市圈”。

4）世界上最大的“城市十字架”

连接“城市圈”的区域乃至国家城市战略空间通常由“带状城市体系”实现。20世纪，中国已经出现区域级“带状城市体系”，譬如“南京—上海”一线、“香港—广州”一线、“北京—天津”一线、“沈阳—大连”一线、“重庆—成都”一线等。

上述区域级“带状城市体系”正在成为21世纪的中国城市网络，随着省际交通网进一步强化以及完善，同时由于链接“带状城市体系”的城市群“集成能量”规模经济扩展力随着城市化进程而逐步增强。

单一城市独立发展模式在区域经济成长过程中连续受到“瓶颈考验”，全球经济一体化导致世界城市在生存状态下变得越来越需要相互依赖与彼此支撑，从各类“连锁店”到交通网络一体化，从“城市共同体”到城市群安全保障系统的地理边界超越性，城市孤立于城市群之外的封闭运行模式已经不适应可持续发展趋势。于是，一向曾经“唯我独尊”、“以我为中心”的“中心城市”开始重新反思本体发展战略——摈弃“孤立自大”的狭隘意识，冲破自我束缚格局而走向新城市战略格局。

考察21世纪城市中国版图，发现一个连接“城市带”与“城市圈”的“城市十字架”轮廓开始出现：

呼和浩特

北京

渤海湾城市圈

保定

石家庄

邯郸

安阳

郑州

许昌

信阳

重庆—宜昌—荆州—武汉—黄石—九江—安庆—马鞍山—芜湖—南京—南通—上海—

长株潭城市经济圈

衡阳

韶关

广州

珠三角城市圈

澳门/香港

显而易见，中国的两条水陆交通大动脉——京广铁路、京珠与沪蓉高速交叉点与长江成为链接“中国城市十字架”的基础结构，武汉成为“中国城市十字架”的轴心节点。支持这一“城市十字架”的城市体系包括“京九线”、“焦柳线”“黄河流域中游”以及“珠江流域下游”的城市群。

“中国城市十字架”将逐步成长为未来中国城市化进程的主体城市结构脊梁，区域乃至国家经济模式将城市群沿交通动线链接为“城市带”与“城市圈”，而“城市带”与“城市圈”并非静止以及自我封闭的城市社会，随着城市成长以及城际经济与文化交流关系日益密切，导致“城市带”与“城市圈”以不同方式膨胀与扩张，这是中国城市化进程不可扭转的大趋势。当“城市带”与“城市圈”成员城市间关系日益密切，甚至达到相互依赖与相互依存的状态，于是，国家城市群状态便演变为“城市共同体”——“中国城市十字架”。

无论是以城市规模还是城市数量评价，“中国城市十字架”将是当今世界最大的“城市十字架”之一。无论是跻身于“城市十字架”的城市还是试图脱离于“城市十字架”的城市，都不可能超脱于“城市十字架”的经济与社会网络牵连。“城市化”首先是一种“城市牵连现象”，由于区域乃至全球“连锁经济组织”以及“原始资本积累经济蔓延滚动模式”沿交通流线流通，城市带将在“城市十字架”的结构体系中逐步成长。

5）以武汉为支点转动中国城市化

19世纪中叶，以“鸦片战争”入界中国的英国殖民者以“炮舰政策”迫使清政府开放长江口岸，基于不平等的《南京条约》，英国商人溯江而上，蓄意将汉口作为控制长江中游的中枢城市，以“租界社区”为基本城市单元的西方城市文化渗透，导致19世纪末叶至20世纪中叶汉口租界城市的硬件水准与巴黎、伦敦、纽约以及上海并驾齐驱，几乎所有城市基础设施与建筑品质也与当时国际一流都市平分秋色。当时汉口是一座准国际化城市，汉口的城市能量不仅形成长江中游“城市场”，而且作为中国中部“支点城市”带动中国中部城市化进程100年（1849~1949）。

1911年“辛亥革命”以“国家革命”导致“城市革命”思想出现，封建时代“城市封闭”以及“城市割据”体制在“辛亥革命”浪潮缓慢波及全国各地期间逐渐瓦解，武昌一时成为“国家革命”中心，孙中山基于“三民主义”对于中国城市化朦胧时期的思想体系作出了初期索引及其架构。

20世纪20年代的“北伐战争”从某种意义上讲是中国自南向北的“城市化”推进过程，从广州出发的国民革命军抵达武汉，将南北城市社会组织及其城市生活方式以“战争途径”传播与交流，使得当时城际文化突破封建时代各自为政的封闭格局，开始出现南北交融的苗头。当时武汉是国民革命中心，近代城市思想以及城市文化的漩涡中央汇集武汉，那是一个空前的城市革命时代。

直到1957年，第一座长江大桥通车，“天堑变通途”，京广铁路的连通从根本上改变了武汉的城市战略地位。其实，“中国城市十字架”结构体系从1957年就已经开始成立。

在第一座长江大桥通车50年之际，“中国城市十字架”的结构体系已经完全具备整合以及链接基础。不是趋势，而是必然。

21世纪，武汉的发展目标绝不仅仅限于在中国的中部崛起，而应该是如何影响世界。

23. 城市视角：武汉影响世界的城市战略

20 世纪初，世界连续发生了两起划时代的历史事件——“辛亥革命 / 中国武昌 /1911”与“十月革命 / 俄国圣彼得堡 /1917”。社会学家公认“辛亥革命”和“十月革命”结束了人类社会两个欧亚大陆国家的封建王朝统治；而世界历史学家却认为“十月革命”对世界历史进程的推动力远远大于“辛亥革命”;以致城市史学家所关注的更多的是“十月革命”起源地圣彼得堡，而作为“辛亥革命”起源地——武昌的世界性影响力却在相当程度上低于圣彼得堡。

不仅仅局限于“辛亥革命”与“十月革命”在世界历史层面所产生意义的差异,基于两次“革命”所在城市的世界性关注度，为什么武昌与圣彼得堡会存在如此区别？考究的初步结论会使我们意识到经历“革命”的两座城市向世界输出信息的影响力程度，“十月革命”不仅带给全人类马列主义，也包括融入国家革命学说的城市战略。

城市战略恰恰是中国城市的先天不足，其中包括武汉。

21 世纪，武汉的发展目标绝不仅仅限于在中国的中部崛起，而应该是如何影响世界。

武汉对世界所产生的影响力首先来自城市战略，而武汉的城市战略定位并非局限于“中部崛起”，而是与国家及世界城市全球发展战略同步的独特创意、独立思考和独到模式。

1）城镇——回归武汉三镇时代，建立“武汉城市共同体”

全世界以“区”作为二级社区单元支撑体的城市至少有一万座，武汉仅仅是其中并不引人注目的一座普通城市。

但是，如果以“三镇”作为二级社区单元支撑体的城市在世界范围内却只有一座，那就是位于长江中游与汉水汇合口处的中国武汉。

历史上，武汉并非以武汉知名，而是以“三镇”闻名于世。

从知音古琴台到张之洞的汉阳兵工厂，汉阳早已举世闻名。

美国《国家地理》杂志于 20 世纪初介绍武汉最多的篇章是汉口，却很少提到武汉。

从古老的武昌城到“辛亥革命”、到武汉大学，武昌以文化昌盛之古镇享誉中外。

设想，武汉适当改变城市建制，重新回归“三镇”格局，让“三镇”在城市政策、城市发展、城市治理、城市控制、城市模式获得相当程度的自主权，并鼓励“三镇”在文化、产业以及生活氛围形成各自特色，确实让人感受到“三镇”隔江相望景观及城镇品位的差异性，这种城镇差异正是现代城市生活所需要的多元文化特征。

以汉口为例，尽管在行政区划上将汉口分为硚口、江汉、江岸三个区，人们基于武汉三镇的传统概念却仍然习惯于通称“汉口”，但是作为汉口的地方性建制客观上已不存在。

一方面可以保留“三镇”“区”的建制，另一方面则可撤销“区”，强化“镇”主导与主管城市的职能，原来的“区”可以改编为各种类型的“卫星城”及小镇。

武汉可以成立一种“城市共同体”的机构，只是在宏观上领导、协调、调控、监督“三镇”的发展与管理，将原来市级行政主要职能下放到“三镇”，让“三镇”自主发展形成在竞争过程中的合作与协调。

这将是中国乃至世界第一个“城市共同体”。

2）城山——建立基于城市脊梁的“群山森林公园”

俯瞰武汉，可以发现一条山脉自东北向东南延伸，形成一条显赫的“城市脊梁”，与长江汉水交叉支撑起武汉“山水城市”的格局。

尽管武汉可谓是得天独厚的山水城市，但是市民所拥有以山为主体的公共绿地率并不高。由于历史原因，作为“城市脊梁”的群山被一些单位予以封闭性分割，以致武汉人长期抬头不见山，游览休闲难进山。

显然，群山与城市分离，这是武汉城市生态素质倾斜的实证。

市民享有城市公共生态权，不仅仅是公园，而是包括市区群山。

改善武汉小气候环境必须依赖于提高城市生态素质，而城市森林公园正是提高武汉城市生态素质的基本保障。

设想：将龟山、蛇山、小洪山、珞珈山、桂子山、来望山、磨山、喻家山与马鞍山全线贯通，逐步形成一个全方位开放的“群山森林公园”，拆除群山保护区内所有不应存在的房屋与构筑物，将群山全部归还市民。

据不完全考证，一旦武汉“群山森林公园”形成，无论其规模还是山林人文与自然景观无疑将位于中国以及世界同等城市最前列。

“群山森林公园”将成为武汉市当之无愧的绿色“城市脊梁”，它将带来武汉城市环境的战略性改变及其理想生态品质；它也是武汉成为宜居城市的主要自然载体，为居民提供休息、锻炼、交流与观赏的美好环境。

同时，“群山森林公园”将琴台、晴川阁、长江大桥、黄鹤楼、辛亥革命纪念馆、长春观、宝通寺、武汉大学、科学院磨山植物园等人文景观相连，成为武汉市一条掩映于森林公园的人文旅游线。

3）城水——山为武汉之父、水是武汉之母。贯通江湖，让武汉成为一座标准“水城”

无数城市在为缺乏水资源而苦恼，而武汉似乎一度为水而徘徊。

“江”与“湖”成为武汉独具一格的城市平台，但武汉却一度不太珍惜水资源，汤逊湖北岸景观不成体系，成为与自然脱节的两张“皮”；沙湖往日宝贵的湿地荡然无存，正在演变为被“楼盘”包围的“池塘”（视觉尺度失衡）；东湖缺乏独特人文战略，至今仍未形成国内城市湖泊系列的景观经典……

经历了防汛城市的“水忧患”和码头城市的“水之战”，武汉正在从“码头文化”过渡到“汉口江滩”时代，开始转型为富于时代文化品位的滨江景观城市。

武汉已经开始明确意识到“水城战略”对于城市发展的实质转型意义，从防汛城市、码头城市到水文化城市，“城水”成为城市文化主题。

设想：将市区湖泊以“水街”或水系予以可行性贯通，使湖与湖之间形成活水循环；

设想：恢复湖边湿地，保留湖区的纯自然景观；

设想：形成湖畔步行道系统，严格实行人车分离；

设想：三镇各自形成各具主题、各具特色的滨江人文与自然景观带，千万不可一味复制“汉口江滩”模式；

设想：南岸嘴建立隐藏于森林公园内的“长江文化中心”，在这里举行一年一度的“长江国际电影节（逐步成为与威尼斯、戛纳、柏林齐名的国际电影节）”、“长江国际钢琴节”、“长江国际时装节”、“世界滨水城市联盟国际会议”、“长江文化博览会”、“长江国际动漫节”、“长江市长论坛”，“长江文化中心”将成为武汉的城市文化内核，这里将成为武汉影响世界的城市思想中心、艺术中心与信息中心。

4）学城——建立世界最大规模的大学群社区，将教育产业发展成为城市乃至国家支柱型产业

与一项大学社区规划设计研究课题相关，我游历世界近百所大学。所见所闻所思：作为人类文明的载体——城市成长与所在地的大学同一“血缘”，大学成为孕育城市文化的摇篮已经载入世界史册。

武汉拥有中国最早兴办的大学、最美丽的大学，也有最多数量及最大规模的大学社区。不仅仅在中国，发达国家的同类城市也无先例。

时常听到人们为武汉缺乏电子、轻工、制造产业品牌而深为遗憾，感叹之余难免对武汉一片失望。然而，正是这些遗憾与感叹暴露出武汉城市意识与观念的某种偏见及消极性。其实，武汉拥有中国最大的教育产业“品牌”，但城市却对此一度缺乏自信。

长期以来，武汉的大学由于体制归属原因而各自为政，大学之间及大学与城市之间几乎互不关联；由于城市及大学管理历史沿革建制造成大学社区成为一个个独立封闭式“领地”，而这些“领地”一直不断遭遇各类商业开发项目蚕食，只是更加加剧了大学对自己所属范围的保护意识，而各类必要的保护措施确实保障了大学扩大教学规模的空间延伸。

基于城市战略平台透视，武汉一度高度重视一些硬件产业及其开发区项目的引进与扶持，在土地资源及基础设施方面可谓大手笔投入；但对于居于全国最前列的软件产业——本地大学教育产业的整合及其系统支撑意识与措施客观不力，甚至远远不够。

武汉再也没有必要为与上海、北京、广州、重庆、沈阳、芝加哥、纽约之间在硬件产业“品牌”方面所存在差距而气馁，现在已经到了刻不容缓的城市战略转型时刻：确立大学在城市功能序列的首要突出地位，以必要保障的土地资源及其基础设施建立完整的大学群社区，以此为基础建立武汉市的主导型国际教育产业。

武汉的所有大学需要建立从学术到产业的战略联盟，从教学、研究、交流协作体制到大学社区关联性空间形成互动互助互惠运行系统。

武汉有必要尽快规划并建立“大学城”一体化社区，其中主要城市功能并非金融、商业或办公，而只是国际化教育产业社区的教学、研究、交流及支撑服务系统。从国际学生公寓、国际教师公寓、国际学生服务中心、国际学术交流中心到国际教学区，系统主体功能完全归类于国际化教育产业需要。

国际教育产业将快速发展成为武汉市面向世界、影响世界的朝阳产业，基点及战略前景效益不应局限于武汉或中国，而是世界。武汉能否以国际视野抓住这一城市战略机遇?

5）城创——建立作为“武汉脑库”的标准国际化社区

“惟楚有才”——这是对于武汉人杰地灵传统定位的名言。

众所周知，武汉为全国、为世界输送了大批顶尖优秀人才。然而，振兴武汉更需要从世界各地引进高端人才，武汉为此具备了哪些基本条件？显然，此项事业成功与否直接关系到武汉的城市战略。

美国、英国与日本自20世纪50年代开始致力于城市文化创意产业，尤其是近年来英国政府将城市文化创意产业列为国家主导型产业，在国际上产生了具有高度关注性的战略影响力。

城市文化创意产业的基点在于一座城市是否为从事文化创意产业的人才建立并提供适当条件。譬如：包括SOHO在内的文化创意产业社区、针对文化创意产业的支撑服务系统，包括国际学者居住与交流社区、向全世界开放的图书馆及信息中心、各类国际会议中心、国际艺术家沙龙、国际发明家俱乐部、文化创意产业信息传播中心、艺术家群体工作室、发明家群体实验室、国际音乐创作及其作品制作中心、国际动漫创作群体空间、视觉艺术创意中心、国际影视艺术创意产业联盟等等。这一切在武汉几乎处于空白或刚刚起步。

武汉发展文化创意产业首先必须创造适当条件敞开胸怀向世界引进人才，建立世界级创意人才“脑库”。

设想：在武昌适当地段建立“武汉脑库”——完全适于创意型人才居住、创作与交流的标准国际化社区，从特色住居到创作工作室、实验室，从作品展示中心到产品推介中心，从国际文化创意信息中心到全方位服务系统，吸引高端人才立足武汉、面向世界创作与研发。

“武汉脑库”在一个多层次系统平台出思想、出创意、出成果、出效益。作为“武汉脑库”的国际化社区适于世界各国艺术家、科学家、企业家以及各类创业组织来武汉定居、定期实地创作与研发、短期交流与访问，也为世界城市文化创意产业建立论坛及交流与交易中心。

6）城博——在武汉建立多元博物馆

一座拥有多座博物馆的城市在国际上能赢得文化之都的尊严。

楚文化、长江文化、张之洞文化、近代租界城市文化、辛亥革命文化、抗日战争文化、大学文化、桥梁文化以及城市山水文化在武汉时空纵横交织，积淀形成丰富灿烂的城市文化图景。

武汉的城市文化战略基点应将“博物馆”列为首位。

博物馆是城市编年史的页码，也是城市人物、城市事件、城市典故、城市艺术以及城市生活的见证。

阅读城市、了解城市从博物馆开始。

意大利一位哲人说过，在意大利城市，雕塑与博物馆与市民同样多。

城市的文化素质取决于博物馆的普及程度。

武汉不能仅仅局限于省、市级博物馆层面，应该拥有更多的民间博物馆。

设想：在汉口建立“汉口码头博物馆”、“汉口租界博物馆”、“花楼街博物馆”、“汉正街博物馆”、“二七博物馆”、“长江航运博物馆”、“长江水利博物馆”、“长江轮船博物馆”、“武汉新闻博物馆”、“九省通衢博物馆”等；

设想：在汉阳建立“桥梁博物馆”、“张之洞博物馆”、“武汉纺织博物馆”、“武汉交通博物馆”、“汽车博物馆”等；

设想：在武昌建立“辛亥革命博物馆”、“武汉大学博物馆”、“李达博物馆”、“闻一多博物馆”、“李四光博物馆”、“船舶博物馆”、“武钢博物馆”、“惟楚有才博物馆”、“长江水生生物博物馆”等。

武汉的人文基础将孕育独具特色的各类博物馆诞生，基于城市原生街巷与城市生活的博物馆，不仅仅是这座城市文脉的点点滴滴，更重要的意义在于激起市民的城市文化信念及其自豪感。

7）桥城——21 世纪，武汉的城市空间战略将是桥与建筑有机结合的拓展，形成世界独具一格的“桥城模式”

20 世纪初，武汉三镇居民做梦也不会想到至 20 世纪结束之际，长江汉水架起四座桥。

21 世纪初，武汉人谁能预测至 21 世纪末长江与汉水上将再架起多少座桥呢？当然决不再是 4 座，或许是 40 座。

20 世纪 50 年代，第一座长江大桥建成通车，武汉与布达佩斯、佛罗伦萨、纽约、悉尼、圣弗朗西斯科、伦敦、伊斯坦布尔同样为拥有作为城市标志的“桥”而自豪！因为世界第三大河流的第一座大桥在武汉诞生，无论是桥梁技术高度还是独立地方城市文化特色，武汉在世界上赢得无可非议的历史性地位。

武汉“桥城”之梦一直连续经历了 25 个春秋。这是我的设计求学生涯中一段漫长的岁月，因为在游学世界城市的艰辛旅途中走过了许许多多滨水城市之桥，发现桥与城市结合的大千世界。当思绪与理念回归“长江自信”重新落脚武汉之际，开始重新思考武汉的“桥城战略”。

设想：在不破坏水域生态及景观的前提下，以“桥城”建立武汉水上社区，底层为航道及码头，中层为车道与车库，上层为各类建筑空间。这是一种现代复合空间设计体系，在国际建筑界处于完全领先领域。

设想：长江与汉水上的新桥底层将是码头、车库与车道，上面是学校、艺术中心、高龄者康复中心、博物馆、社区图书馆、总部基地或观光度假酒店。

武汉拥有建立世界上第一座“桥城”的所有基本条件。

一旦“桥城”在武汉诞生，其意义远远不局限于桥梁技术与建筑技术的革命，更为显著的国际影响力是武汉独具一格的城市空间战略——人类从此不再仅仅居住在地面，而是在世界第三大河流的桥上建立新一代生存空间。

“桥城”何在？中国武汉。

8）开始在武汉启动的世界第一个“汽车软件产业基地”受到国际社会广泛关注

2007 年 3 月，在哈佛大学接触到一项国际城市战略研究课题：“发展中国家汽车城市模式”。

与会多位学者及汽车企业家对于中国车城武汉表示出相当关注，尤其是被称为世界第一个“汽车软件产业基地”的“常福汽车世界”成为明显的话题焦点。

欧洲、美国与日本成为世界三大汽车制造硬件产业板块。进入 21 世纪，一项基于汽车文化战略的“汽车软件产业”开始兴起，由于种种条件限制，作为世界三大汽车制造产业板块的欧洲、美国与日本一直未能建立“汽车软件产业基地”，国内城市也是一片空白。

只是在武汉，一项“车城文化战略”开始启动——毗邻沌口汽车制造基地的蔡甸区常福新城，一项名为“常福汽车世界”的汽车软件产业基地总体规划设计得到武汉市委苗圩书记高度评价与肯定；中国汽车工业总公司的权威人士一致认为：“常福汽车世界”是武汉乃至世界第一个汽车软件产业战略级项目，发展趋势将会使武汉成为世界汽车城市之列的明星。

“常福汽车世界”的创意将汽车研发、汽车博览、汽车教育、汽车交流、汽车旅游、汽车物流、汽车媒体、汽车会展、汽车竞赛、汽车娱乐定位于世界平台并予以有机组合，形成规模最大的汽车文化创意及其软件产业实体，将作为武汉车城战略的独特体系影响世界。

城市从宏观经济、环境品质到生活细节必须是切实满足人的心理与生理需要。这种“需要”超越国界、超越城市、超越社会，直至全人类的共识与相同价值观。

24.和谐社会与宜居城市

一年一度评选公布的世界宜居城市，在国际社会必然引起系列反响和密切关注：宜居城市的目标、体制、准则、成效、状况及其特色代表着当年人类居住文化主流，也成为当年人类城市居住价值观及其最优化模式的典范。

2007 年世界宜居城市的桂冠被德国慕尼黑所获得。理由是：城市经济蓬勃发展、基础设施完善、住房品质高、犯罪率低、族群和谐、四季气候宜人、休闲设施与夜生活舒适等优越条件。从公共交通到环境一直到想喝一杯时的方便程度，慕尼黑都排名领先。当然，排名紧随其后的哥本哈根和苏黎世在这些方面与慕尼黑的差距很小，但慕尼黑依靠其对居民的服务成为最佳城市的优胜者。

慕尼黑成为 2007 年世界最宜居城市的理由无疑给了我们开阔视野的启示：城市从宏观经济、环境品质到生活细节必须是切实满足人的心理与生理需要。这种“需要”超越国界、超越城市、超越社会，直至全人类的共识与相同价值观。

1）城市的第一目标究竟是什么

20 世纪 80 年代以来，中国各地城市开始考虑与制定本市的发展目标，基于时代局限、或由于城市视野狭窄，城市目标多为“现代化”、“国际化”、“世界一流”、“东方芝加哥”、“第二香港”、“北方浦东”等等。毋庸置疑，我们城市发展的宏伟目标定位于经济、工业、政绩指标，在城市的初期发展阶段或许非常必要，也是城市成长的基本前提。至今，中国的城市化已经走过 1/4 世纪，25 年的速度几乎相当于西方国家 250 年历程的缩影，在世界城市范围内，中国城市短期大规模、高效益发展并无前例。但是，从历史事实的另一面可以发现，中国城市大规模、高效益发展在环境与宜居品质方面付出了极大代价，现在从反思到返工的基点必然落脚到城市的目标定位——城市发展的第一定义究竟是追求政绩指标，还是落实到“宜居品质”！

日本在经历了 20 世纪 60~70 年代高速经济增长期之后，戴上了“世界第二经济大国”的桂冠，但却陷入国内四处“环境公害”的泥沼。从日本国内媒体到国际社会对“日本奇迹”产生了一系列质疑：难道这个时代需要由城市承担国家高速经济增长所导致的“环境公害”吗？！灰蒙蒙的城市天空、黑乎乎的城市河流，城市不再是宜居的家园。

东京终于从 20 世纪 70 年代后期的反思中开始惊醒与检讨：城市不能成为高速经济增长所带来的“环境公害”牺牲品，而首要目标必须是宜居的家园。20 世纪 80 年代，东京开始将城市目标确定为“家园城市”。2007 年在世界十座千万人口以上的特大城市中，东京所有宜居指标名列榜首。

由此可见，世界上任何一个国家经济高速发展对城市化的影响无论多大，城市的发展无论多快，城市始终不可能超越“居住为第一主体功能”的目标。

2）宜居城市是和谐社会的支撑体

当今世界，城市化的模式及其进展状况直接关系到中国建设和谐社会的前景，这种国家思想及其成长经历举世独一无二。这恰恰是中国在经历了 1/4 世纪改革开放之后所决定探索并形成的中国特色。

关注中国城市化进程，不难发现各地城市在确定发展目标过程中一直摇摆不定，由于缺乏自知之明及城市自信，或者不明确与不具备城市发展战略，因而城市目标不是盲目照搬国外城市头衔，就是宽泛空洞甚至模糊不清。回首往事，城市领导班子频繁换届，城市目标也是因领导而异不断变更。考察各地城市近年来所发布的目标信息，居然没有一座城市将“宜居”置于城市目标的首位。

那么，究竟什么是城市的主体？是闪光的政绩还是空泛的口号，是超越百姓生活的“开发硬件”还是环环扩张的城市版图？其实，这一切并非城市的主体，只有人，只有适于居住的基本功能才是城市发展的基础平台。

“文化大革命”中，举国上下奉行“先生产，后生活”的方针及其建设方式，人们可以在极其艰苦的居住生活条件下忘我工作；在城市，生活享受及其宜居追求几乎与资产阶级同一而语。尽管目前中国社会发生了极大变迁，但是当年生产与生活的关系、城市生活与追求宜居的意识仍处于被颠倒的潜移默化之中。

建设和谐社会成为中国社会进步的标志。城市作为中国和谐社会的支撑体，如果忽视或不具备基本的宜居基础，城市发展的目标无疑会倾斜，这种倾斜将会导致城市百姓失去生活品质，我们的城市便很难由此取信于民。基于上述慕尼黑成为 2007 世界第一宜居城市的理由，城市目标绝非那些假大空的“报告”、“口号”与“计划”，而宜居城市的目标完全需要落实到城市百姓的生活细节，从符合地方民俗风情生活方式的城市细部到高龄者的人性居住环境，从地面铺砌防滑材料到学校进出口安全保障通道的设置……都是一座城市具备宜居功能的起点。

在慕尼黑、苏黎世、哥本哈根与东京，我注意到城市“细部分类”成为所在宜居城市的基本设施。垃圾桶均区分为“可燃”、“不可燃”、“塑料制品”、“玻璃制品”及“大型垃圾”；邮筒也是分为“本市”、“国内”与“国际”；多路地铁、多路巴士、多方出入口、多条步行商业街均以不同色彩与标志予以区分，使得人们进入纷繁都市生活也不至迷路或不便，因为对于绝大多数普通市民及旅游者而言，色彩导向比文字标识往往更为便捷，这也是多年来对西方学者研究城市导向及其环境识别心理学的成果普及。

目前，国内各地城市正进行大放异彩的“亮起来工程”，从商业广告到屋顶单位标识形成系列“光污染”，给市民的居住生活带来诸多不便。广州、上海的许多高龄市民发出感叹：“亮起来工程”带来过亮结局，城市面子与政绩看来是上去了，但是宜居的品质却下来了！因为那些没日没夜的灯光搅得我们居民生活不得安宁。

有一次途经慕尼黑空港，我注意到这里的任何公共及商业广告灯箱尺度设计适当，亮度柔和，不刺眼眩目，而且为人们提供适宜视角而设计出多维多向可视界面。德国朋友告诉我，在德国任何一座城市，所有与公共光源相关的广告、标识及照明设施，都有科学严格的规范与标准，首要前提是尊重人们的视线而且需要以最适宜的亮度保护人们的视力。

在从慕尼黑到苏黎世的飞机上，我想到国内建立和谐社会所需要的宜居城市支撑体，其基础与力度并非那些表面化的宏观宣传，而是源于城市生活，立足城市生活，导向城市生活的健康细节与人性关怀。

3) 期待为世界所公认的中国宜居城市诞生

我们憧憬：至 2020 年，中国和谐社会的小康城市中将会出现进入世界宜居城市前列的明星。

曾经对世界城市发展产生历史性影响的《雅典宪章》，于 20 世纪初问世以来开宗明义“适宜居住”为城市四大功能的首位。尽管世界局势近一个世纪以来发生巨变，但是《雅典宪章》的经典仍然为世界城市所参考和遵循。因为，科学进展、技术进步、文化创新、经济繁荣并不是以牺牲城市居住功能为代价而存在，相反人类文明所有的进步成就无不为提高人类居住生活品质而集中、广泛投入与推进。

从现在到 2020 年，与其说是中国城市化规模与指标数量进一步发展的辉煌时期，不如说是进一步考究并提高城市素质的历史阶段。其中作为城市发展战略的基点并非充满空洞张扬力的口号，而是必须首先落实到“城市宜居”的民生政策。不仅需要宏观开发，而且更需要适宜居住生活的城市细部。

4)“高龄化城市”挑战中国

第二次世界大战结束前夕，美国西海岸一位年轻的企业家——尔湾（Irvien）以创业的全部资本在海边购置了近 30 平方公里的荒地。朋友们不明白尔湾置地的目的，为他这样大规模囤积土地既困惑又担心。但是，尔湾认为，战后美国即将进入高龄化社会，将会有一大批退伍军人离开战场，还会有一大批社会劳动者退休，他们需要休息以及养老的家园；此外，其他国家也将会有许多的老人需要适宜居住的社区，他们也许会愿意到美国加利福尼亚州阳光地带定居。为此，尔湾决定将这片荒地建成一座适宜高龄者居住的新城，并将这座新城以自己的名字命名——尔湾。

尔湾新城计划得到当地政府的大力支持，从城市规划到基础设施都获得了美国政府的法律及其制度保障。20 世纪 90 年代中期，我考察了尔湾，并在那里短暂居住，实地感受到当年尔湾的远见卓识符合美国社会发展的需要。尔湾作为现代城市规划理念到具体实施的成功所在，可以概括为以下特点：

(1) 新城开发目标明确，所有功能及其配套设施全部符合以高龄者为主体的人群居住。也就是说，这是一座完全、优先满足高龄者居民宜居的现代社区。

(2) 集中、优先建立以保健治疗医院和家庭式康复医院为主体的医疗保健设施，确保高龄者居民的健康居住生活。这里的医院丝毫不会对高龄者带来住院治疗的不适或其他心理障碍，切实给高龄者带来家居式康复的环境。

(3) 新城功能明确，以健康居住和康复生活为主体，以系统配套服务为基本支撑，所有细部及基础设施完全基于人性化设计与实施。

进入 20 世纪 90 年代，尔湾连续被评选为美国适宜居住的城市。其主要特色及优势显然是纯粹、完全为高龄者提供系统适宜的居住生活与康复环境。

在尔湾，我想到了国内城市发展过程中所面临的高龄化社会问题。事实上，对于建设和谐社会的当代中国而言，实现“小康城市”的目标集中在政府的决策视野与力度、地方经济条件及社会资源、民间企业开发模式与地方制度保障相关方面的实绩。但是，中国各城市在这一方面却存在一些进展障碍，不可忽视的社会现实便是高龄化社会给中国城市所带来的挑战。

1982 年，中国还是一个成年国家。18 年之后，中国已经进入准高龄化社会，目前全国已经拥有 1.49 亿 60 岁以上的高龄者。譬如，在上海，每六个人中就有一位高龄者；在全国，平均 6~7 个劳动力养活一个高龄者。中国城市从成年社会进入到高龄化社会的速度快于欧美发达国家。至 2015 年，中国高龄化社会程度将居于世界最前列。

高龄化社会首先给城市带来的基本负荷便是适于高龄者居住生活、健康保障的空间与设施严重不足或不完善。据初步调查，基于高龄化社会给城市所带来的一系列需求，至今中国城市在政策、制度、法规、计划、城市规划及实施条例准备方面相当不足；绝大多数民间企业限于商业利润而对高龄化城市开发项目按兵不动……与发达国家相比，中国高龄化城市所面临的系列挑战与发达国家相比有以下不同：

(1) 观念差异

中国历史悠久，老者至上，高龄者至尊，尊老爱幼是中华民族的传统美德。对一个人的称呼可以从小王、大王、老王到王老，仅从“王老”这一称呼可知此人的权势或地位；然而，更多的普通的王氏高龄者通常被称为“王老头”或“老王头”，甚至，相当多的老人得不到基本的人格尊重或生活环境保障。譬如，在美国，对一个人可以从小到老直呼其名，对美国总统称呼“小布什”或“老布什”是我们中国人为区别而追加，美国人却是直呼其名。当然，各国对高龄者的称呼不一，但是，我们难道不可以从美国人的称呼中感受到更多、更自然的青春心态吗！

一些城市为高龄者建立的居住设施多被称为“老人院”或“社会福利院”，其实，这些名称会给高龄者带来心理障碍，许多高龄者并不服老，不愿意轻易加入老人行列而住进老人院。事实上，“老人院”没有充分考虑到更多高龄者渴望心理健康、勉励自己重返青春心态与活力的心愿，导致许多高龄者对“老人院”望而却步。“社会福利院”本来就是体现政府对高龄者的福利，如果以其他吉祥安康之名取代“社会福利院”，或许可以给高龄者更美好的心理感受及其对新生活的憧憬。

在迈阿密，我发现一座高龄者公寓，周边园林环境景色宜人。公寓拥有为高龄者所提供的居住、保健治疗、康复、交流、学习、娱乐、运动及其相关生活服务功能。这座建筑群居然借鉴并吸取了中国西藏民居的建筑风格元素，也融合了西藏佛教建筑的经典形态，从整体风格到外墙基调充满来自世界屋脊的活力，门窗色彩洋溢着东方青春的活力。此地也并非称这座公寓为“老人院”或“福利院”，而是被附近居民赞誉为“青春地带”。我与居住在这座公寓的高龄者谈话中发现，他们不倚老卖老，也未出现对“老”的失望、失落与恐惧，而是充满对生活的热爱和对未来的向往。

(2) 系统差距

中国和对高龄者居住生活、康复保健、社会综合保障建立从政策到实施计划仍然缺失，各地城市对应高龄者社会所带来的系列问题缺乏系统对策，尽管局部有所进展，但是思路过窄、做法不一、收效甚微。

第二次世界大战后，欧、美、日便为高龄者社会开始制定对策。从国家政策、法规制度、城市规划直至建立完善的社会保障系统都作出了部署，并在一些城市安排充足土地资源开发高龄者居住新城或社区。对于民间企业开发高龄者居住生活相关项目给予系列优惠政策及其相关法律保障。在美国加利福尼亚州奥克兰，一座近 20 平方公里的高龄者社区位于风景优美的水库边缘地带，从 20 世纪 50 年代开发至今，功能已经非常完善，从康复保健设施到高尔夫练习场，从“青春俱乐部”到“橡树健身房”，从“蓝色天空酒吧”到“热带雨林餐厅”，给高龄者带来时尚生活与青春气息。我问其中的几位高龄者朋友：“你们住在这里感到孤独与寂寞吗？”对方回答：“这里没有孤独与寂寞，我们只是感到在重返年轻时代的生活。”

“小康城市”的目标首先应该是为高龄者提供生活保障系统。高龄者为城市建设付出了毕生的精力，他们理应得到社会尊重。但是，为高龄者建立生活社区并非只是停留于一种“政绩装饰性”宣传，也不是那种列于城市重大决策之外的边角项目。否则，“小康”将会出现倾斜或扭曲的象征。为此，中国城市应该以紧迫感及其系统对策对应高龄者社会带来的系列挑战，从社区规划、基础设施到所有细节推进都应该落实到实处。

(3) 实施障碍

仔细考察中国城市社区、公共环境及其街道，不难发现普遍缺乏为高龄者所提供的人性化设计与基础设施。在北京，“中国老年协会”办公楼门前台阶高耸，居然没有为高龄者进出方便而设置的扶手与坡道。可想而知，更多的办公楼、商场、餐厅、影剧院、医院、车站又有多少为高龄者切实考虑而设置的必要服务空间和设施呢？！

我们的城市确实为健康人、年轻人设置了很多很方便的服务空间与设施，但是，对于高龄者所需要的基本服务项目，既缺乏相应投资政策保障，也不具备必要的实施制度；规划与设计者对高龄者的心理、生活行为、基本生活需求方式缺少体验、了解与考虑，因而从城市宏观规划到具体建筑设计直至环境设计，普遍忽略与忽视了为高龄者提供健康生活保障的细部考究。于是，我们在城市里随处可以发现高龄者出行、生活与就医不便的情景。

作为和谐社会的“小康城市”，基本定位首先应该为高龄者建立完善而普遍的无障碍环境系统，这不是口号，而是基本实施的保障条件。

“小康城市”是中国建立和谐社会的基本载体，“小康城市”的目标、定位及其实施思路符合中国国情及其社会主义特色；"小康城市"在一定程度上可以满足中国城市居民安居乐业的理想生活水准；与此同时，"小康城市"代表中国城市在今后一段时期内健康成长的趋势。但是，建立"小康城市"的前提必须为高龄化社会做好系统充分准备，面临不可回避的挑战，需要我们向发达国家城市学习与借鉴，以建立中国特色的城市科学发展观，为"高龄化"城市建立人性化宜居系统。

进入20世纪90年代，中国各城市开始思考如何“相互依存、相互协作”。于是，建立“城市共同体”的城市战略开始逐步进入一批城市的决策层面。

25. 城市共同体

历史上，中国的“镇”与“城”首先是地方自治体，也是地方主义的旗帜与堡垒。

古代，由于信息传播、地方体制、经济模式、战乱纷争、自然灾害以及交通条件的局限，导致从集镇到都城的国家地理位置及其区域布局长时期呈孤立与地方割据状态。即使“鸡犬之声相闻”，也是“老死不相往来”；“各人自扫门前雪，莫管他人瓦上霜”——封建意识、地方文化背景与生产力及其社会经济等系列制约因素导致数千年来中国城镇沿袭各得其所、各据一方、各自为政、自生自灭的历史过程。

自然地理的天堑、群山、沙漠等天然因素成为古代中国东西南北城镇联系、交流与合作的障碍。一山一水之隔就可以导致近在咫尺的城镇在信仰、风俗、语言、经济模式上相异，甚至千百年不相往来。

通常集镇由宗族定居村落逐年随着人口增长而形成，即使隔江相望也没有往来，一方面婚嫁受到宗族宗亲家传制度限制，长年没有通婚，也就没有亲戚来往。此外，如果宗族之间出现历史性纷争，彼此防范森严壁垒，从而形成地方割据至地方自治的历史遗留局面。

少数民族从村寨到集镇一直维持以部落为主体的聚居单元。由于宗教以及地方民俗的集会，方圆数十里的居民会有一些往来，也会有一些局部零星民间商贸交易，而这种往来与交易往往受到部落之间的统辖局限，对于各集镇的协调发展几乎未能产生任何突破性历史影响。由于部落之间各怀有成见以及历史纠葛，以致从村寨到集镇的安全防范、生存经济、民俗维系等方面仍然长时期自成体系。

古代中国，形成地方城镇的关联性格局首先从国家军事与水利工程计划开始。长城与运河先后在500年内首次将沿线城镇连接成两条“东—西”、“南—北”城市带，基于战争防御与河运需要，这两条城镇带在中国历史上为保家卫国以及推动南北地方经济往来产生历史奠基性及开创性影响。尤其是运河不仅仅自隋朝以来成为贯通中国南北的水运交通大动脉，也是中国最早期的南北城镇经济带。

19世纪中叶鸦片战争，清政府被迫接受《南京条约》实行五口对外通商。事实上，当时的大英帝国以殖民地和租界方式迫使上海、宁波、福州、厦门与广州对外开放商贸，这正是中国历史上的第一个“东南沿海口岸城市商贸共同体”，在租界行政管理机制（工部局）、租界金融体制、租界规划与建设法规、租界治安条例、国际贸易制度等方面实行统一协调的运行模式。上海等五座口岸城市在“殖民地”与“租界”平台被迫接受或融会西方文化，无论在城市技术硬件还是城市文化软件方面与当时世界发达城市直接接轨，成为中国近现代城市及其“城市共同体”的先导及起源。

英国的远东城市战略家随后将视野沿长江延伸到中国腹地，陆续以强行开发“租界”方式形成自上海经汉口到宜昌的“长江口岸城市商贸共同体”。从19世纪中叶至20世纪40年代近100年期间，英国依靠“长江口岸城市商贸共同体”从富饶的中国长江流域掠夺了巨额资源与财富。

20世纪初叶，重庆“民生”轮船公司以长江客货联运将上海至重庆沿线城市码头连成一线，逐步成为一种“长江城市水运共同体”模式：以各城市码头为中介载体、以“民生”航运业务体系（码头土木工程、码头港务、候船、候船区商务、趸船、水陆联运、通信、水警）与长江上、中、下游沿线各城市建立起“链接系统”。这种“链接系统”从整体上拉动了上海至重庆沿线城镇经济；尤其是在抗日战争和解放战争时期，“民生”轮船公司所建立的“长江城市水运共同体”为转运逃难民众、为国共军队运送军用品等方面作出历史性贡献。

第二次世界大战后，中国城市以行政区划实行一度交流与合作，但大多数交流与合作领域是以地区名义进行，而不是以城市为单位实行对接或整合，并且多项名目与经济无直接关联。譬如，“中南区（湖北、湖南、河南、广东、广西）文艺会演大会”、“东北区（辽宁、吉林、黑龙江）农垦工作会议”、“西北区（陕西、甘肃、宁夏、青海、新疆）畜牧工作会议”、“西南区（四川、云南、贵州）小水电开发工作交流会议”等等。在计划经济体制下，城市经济发展完全受控于国家计划，城市间既无自发协作，也缺乏城际竞争，然而却有着更多的互相学习与参观：“向模范卫生城市——X X市学习”、“学X X、赶X X、三年内向X X市看齐”……

1949年新中国成立，所有铁路、水运、海运、空运实现国有化，而且多为国家垄断性行业。20世纪50年代开始以交通干线形成“城市交通共同体”的雏形开始出现。其中，京广线由北京铁路局、郑州铁路局、武汉铁路局和广州铁路局将北京、保定、石家庄、邯郸、安阳、郑州、许昌、武汉、岳阳、长沙、株洲、衡阳、韶关、广州以车站联结成“铁道城市共同体”，由铁道部主导的“铁道城市共同体”成为超越地方城市封闭、突破地方城市固有管理体制的连带形跨地区型交通协作体系。

1979年以后，中国开放以深圳、珠海、厦门为首的系列沿海城市，事实上，这是改革开放后的第一代“经济特区城市共同体”。但是，由于体制、观念、特区政策以及人才机制的系列原因，作为“经济特区城市共同体”的第一批城市之间并无广泛系列合作与系统性多边协调，在发展模式、流通政体、城市政策及其建设模式上八仙过海、各显神通。

20世纪80年代中期开始，国内与国外的系列“友好城市”以及各种类型的“对接协作城市”、“对接扶贫城市”开始陆续出现。国外与中国城市所结成的“友好城市”在政府与民间团体人员互访、人才交流与培训、行业产业交流与合作、国际协作方面作出成功建树，许多领域项目的合作与交流计划显示出“城市共同体”的萌芽。国内城市利用“友好城市”平台与国外城市进行多边接触，尤其是在热门话题“与国际接轨”方面获得初步进展，开始知道“国外城市发达系统各分支系统的轨道在哪里”、“现代城市文明以何种途径实现传播”、“城市传统文化如何保存与推陈出新”等等，这是中国城市成长的明显进步。

进入全球化时代，中国城市面临曾经是以往各自为政时代意想不到的挑战，如何生存与发展的决策定位已经全方位超越本地本市的本位局限；每一座城市都是全球城市网络上的一个节点，封闭、孤立以及超脱局面难以为继，这是一个你中有我、我中有你的时代，相互依存、相互协作为大势所趋。

进入20世纪90年代，中国各地城市开始思考如何“相互依存、相互协作”。于是，建立“城市共同体”的城市战略开始逐步进入一批城市的决策层面。

1）区域“城市共同体”

（1）“渤海湾城市共同体”

渤海湾作为中国北部海上战略门户，一个 3/4 环形（俗称口袋形）的城市圈已经形成。由于渤海湾的城市群分别由辽宁省、河北省、天津市（直辖市）与山东省管辖，以往城市运行多为条块自治、各自为政，以致本区域共同协调发展以及与东北亚实现国际城市合作局面未能打开。为此，以天津市为龙头建立“渤海湾城市共同体”迫在眉睫、完全必要。于是，在此提出“渤海湾城市共同体”的两个体系：

①“渤海湾城市共同体”（国内）:大连、营口、盘锦、葫芦岛、秦皇岛、北戴河、南戴河、天津、蓬莱、烟台、威海联合，组成拥有经济、文化以及社会综合发展的共同体平台；

②“渤海湾城市共同体”（国际）大连、营口、盘锦、葫芦岛、秦皇岛、北戴河、南戴河、天津、蓬莱、烟台、威海与釜山（韩国）、福冈（日本）、长崎（日本）实现国际城市经济与文化合作发展联盟，将使东北亚经济与文化进入一个拥有区域性组织的城市战略体系。

作为国家北部海湾战略经济圈，“渤海湾城市共同体”具有三方面的明显优势：①承接东北三省老工业基地的资源及产品自海路集散，拥有连接东北亚及世界各地的国际航运业优势；②紧邻首都北京的东部海湾门户枢纽，以海陆型城市走廊逐步构成“京津城市带”的“通海城市平台”；③以海洋能源资源开发体系促进与带动“环海城市能源产业圈”。以石油为例，随着海湾新油田探明储量并进入开采阶段，将可以在石油资源保护、石油资源开发、采油、储油、炼油、石油化学产品加工、石油制品、石油运输、石油产业文化创意旅游等方面实现渤海湾城市群分工，一方面实现“渤海湾城市共同体”新一代石油产业协作分工，同时又可以形成新的石油产业（包括石油产业文化产业）城镇链。

（2）“杭州湾城市共同体”

上海、杭州、宁波成为“杭州湾城市共同体”鼎足三立型城市。

“杭州湾城市共同体”的国家腹地是长江流域，区域腹地是长江三角洲、钱塘江三角洲以及江苏、安徽（东南部）、浙江、江西（东部）、福建（北部）与上海市。这是中国历史上农业最为富庶、手工业最为发达、交通最为便利、地方文化最为活跃、教育基础最为雄厚、人力资源最为丰富的地区。

鸦片战争结束，中国清政府以《南京条约》被迫实现五口通商，1843 年 11 月 17 日上海开埠，从而成为打开“杭州湾城市共同体”现代化之门的第一把“钥匙”。19 世纪中叶至 20 世纪中叶的 100 年期间上海作为“租界城市”的成长历程，为近代起步阶段的“杭州湾城市共同体”找到了通往国际化之路，同时也为“杭州湾城市共同体”起步以及发展建立了高素质人才基础。

上海自 1843 年开埠以来的城市成长沿革，并非孤立的城市现象，而是完全受益于长江流域腹地以及杭州湾城镇群的支撑性资源、市场、商业与技术协作体系。20 世纪 20~40 年代上海商业社会上层精英人才几乎来自以宁波与无锡为首的江浙城镇，以“小上海”冠名的商业聚落型社区遍及江浙皖赣城镇。事实上，考察杭州湾区域城镇化历史沿革，可以发现：“杭州湾城市共同体”的基础结构是地方手工业＋由小农经济过渡到城镇化经济的地方商业模式。

传统手工业＋民间工商业＋民间河运海运逐年建立的民间商业人文环境与国际工商业（19~20世纪中叶上海宁波租界城市开发与租界转口贸易）接轨，为杭州湾城镇化建立了必要的国际化背景及其基础商业结构。

“包孕吴越”的地方文脉为“杭州湾城市共同体”奠定了城镇文化的回归意识以及认同感，这是作为一种区域性城市共同体的连接纽带与生土默契。从社会结构网络到家族体系、从民俗到方言、从人际关系圈到生活方式、从故地民间传说到地方城镇文脉，上海与江浙一带拥有共同意识及其共通沟通默契。外省人甚至一度认为很难进入上海与江浙人的“圈子”，因为这个“圈子”从方言到商业默契都“扎得很紧”。确实，也就是因为这个“扎得很紧”的“圈子”使得“杭州湾城市共同体”社会基础结构坚实，导致城镇整体经济与文化自成体系，在很多领域领衔于内地一些省份。

“杭州湾城市共同体”的组合模式之一：以“沪宁板块”（上海至南京）、“沪连板块”（上海至连云港）、“沪杭板块”（上海至杭州）与“杭甬板块”（杭州至宁波）组成。

“沪宁板块”将侧重于制造及研发产业，在目前南京、常州、无锡、苏州高新技术园区基础上将形成一系列“高科技卫星镇”，支撑“沪宁板块”的制造及研发产业城市带。显然，“沪宁板块”的城镇化趋势将立足于“高科技卫星镇”体系配套完善及机制成熟。各“高科技卫星镇”在产业结构、人口规模、经营模式以及文化特征上应该各有侧重。

“沪宁板块”将侧重于旅游及教科文化产业，战略产业立足于三项基点：“文化与科技创意”、“大学社区”与“复合旅游”。其中，上海与杭州的大学群将逐步连成一体，发展成为世界最大规模的大学社区之一；“大学社区产业”将拉动一系列支撑服务关联性产业。

“杭甬板块”将侧重于民营企业群以及国际海运产业。随着民营经济政策的进一步开放，杭州至宁波一线将形成民营企业产业城镇带，主要承接国内外（主要面向国外）轻纺工业、日用品以及机械电子加工订货。这里将逐步发展成为中国乃至世界最大规模而且密度最高的民间加工产业城镇群。宁波深水港海运规模将进一步扩大，与上海港成为“杭州湾城市共同体”的南北两翼国际港口，国际海运吞吐量在2020年可与香港、新加坡以及日本神户并列。

“杭州湾城市共同体”将成为中国城市化格局的东线龙头，文化与经济的影响力并不仅限于中国，而是世界。

（3）“珠江口城市共同体”

20世纪80年代初，经济特区深圳成为“珠江口城市共同体”浮出中国南海海面的第一个信号。

与其他“城市共同体”相比，“珠江口城市共同体”拥有开放最早、政策特殊优惠、国际资源明显、人力资源雄厚、自然资源丰富、物候条件优越、交通状况良好等一系列独特优势。在20世纪末中国改革开放初期，珠江三角洲城镇化进展速度走在全国各地前面。

“珠江口城市共同体”的基点在于华南珠江口“城市圈”。19世纪初，以东印度公司为代表的英国殖民者已经发现南中国海以珠江口为中心可形成未来世界海陆型“城市圈”潜在战略优势，也正是基于这种南亚区域性的战略眼光，导致当时的大英帝国派出远东远征军特混舰队发动“鸦片战争”占领了香港，随后将香港变为英国殖民地。

英国殖民者对于香港的城市战略定位并非局限于香港，而是以南中国珠江口为核心的“城市圈”，一方面确保英国海外臣民在此“城市圈”经商的利益及安全，另一方面则是由此扩大英国在远东的战略利益及影响力。英国殖民者对于殖民地的选址及其开发基点从不仅仅局限于一座城市或单一城市，而是“殖民地/租界城市带”或“殖民地/租界城市圈”。继香港沦为殖民地之后，厦门、上海等“五口通商”即为19世纪英国在远东建立的一条“殖民地/租界城市带”，而新加坡、香港、汉口、印度即为英国在亚洲建立的具有国际战略意义的“殖民地/租界城市圈”。

珠江口海陆型“城市圈”的北半圈以惠州、深圳、东莞、广州、珠海、佛山、肇庆形成大陆城市群，中间地带是香港和澳门，这是“珠江口城市共同体”国际化的中枢；东南亚国家及其环海城市群可以看作是“珠江口城市共同体”的南半圈，这一带的国家及城市与珠江三角洲存在人缘、地缘的密切关联，“珠江口城市共同体”的支撑基础是“南中国海域文化圈”，包括宗教、语言、民俗、社会关系以及商务往来。

与内陆任何一个城市共同体比较，“珠江口城市共同体”的历史背景积累了更多的外来文化因素，从“外向型思维模式”到“外向型经济模式”，从“开放经济”到“放开思路”，深圳、珠海、东莞与广州为首的开放城市以“外引内联”的起步经济奠定了相当雄厚的城市型原始资本积累基础，高速形成了珠江三角洲现代综合加工产业群。

随着现代综合加工产业群的快速形成，珠江三角洲城镇规划及开发出现史无前例的空前热潮，成片的工厂、成片的社区、成片的工地、成片的商店在短时间内几乎遍及珠江三角洲的各个角落。由于城镇规划、城市管理以及环境保护跟不上经济增长与快速开发的进度，导致环境品质出现整体性下降现象。也就是说，珠江三角洲为经济快速增长及城镇快速开发付出了沉重的“环境代价”：自然生态环境普遍遭到不同程度的污染，水体与空气质量不符合国际健康生活标准，城镇人工环境积压一些非人性、非科学、非规范、非秩序的潜在及表层“公害”。未能回避、不可掩饰的“公害转嫁”以及“公害危机”已经给珠江三角洲城镇决策者带来警示与启示，顾此失彼忽视“公害”的局面正在转变，回归蓝色的天空、清澈的江水、洁净的空气、茂密的森林、温馨的街巷，正在逐步成为现实。

经济高速发展的同时伴随“环境问题”普遍出现，往往是经济指标上去了，而环境质量却普遍下降。经历近30年的过热开发，珠江三角洲面临“环境问题”所导致的生活品质及其投资环境改善程度下降。现实警示“环境问题”已经成为“珠江口城市共同体”面临的发展障碍，因此，“珠江口城市共同体”的未来取决于当务之急所解决全面“环境问题”的程度，这是一个自我审视、自我研讨、自我调整、自我完善的必要过程。

（4）“北部湾城市共同体”

北部湾对于连接与控制中国西南地区与南亚次大陆，具有极其重要的战略地位。

从20世纪40~50年代法国对越南实行殖民占领到20世纪60~70年代美国深深地陷入越战泥沼，不言而喻，法美两国的战略目标绝非仅仅限于越南本土，而是北部湾。

基于中国漫长海岸线格局，北部湾与中国广西、广东、海南及越南围合成倒“U”字形海域，成为控制南中国海以及太平洋与印度洋通道的“看守型”海湾。环绕北部湾的中国三省城镇群可以建立“北部湾城市共同体”。

广西防城港市、北海市、广东湛江市、海南海口市成为“北部湾城市共同体”的四个支柱型城市。基于目前体制，这四个城市并无区域联盟性的合作机制，在海域及海岸生态保护、海域及海岸旅游资源合理开发、区域自然经济与社会关系合作、区域主题经济与综合资源利用模式方面的共享式平台，至今仍未建立。

国家以前在开放口岸的开放力度方面原来一直落脚于珠江口岸、上海口岸与杭州湾以及渤海湾，而对于北部湾基于军事上的战略因素却一度显得过于沉静。只是随着东盟会议、中越关系和解以及南海石油战略资源开发的非常重要进展，国家打开大西南海上通道之门才公开落实到北部湾。

与“渤海湾城市共同体”、“杭州湾城市共同体”及“珠江口城市共同体”比较，“北部湾城市共同体”在城市综合素质、人力资源以及区域基础设施方面相对落后，城市在国内外的影响力也与广州、上海、天津及大连存在一定差距；但是，从东南亚及南太平洋的国际性区域战略角度透视，“北部湾城市共同体”存在下述潜在优势：

①将成为中国大西南出海的区域通海性口岸；

②将成为连接中国大西南与南亚的海上通道；

③将成为中国保护与开发南海石油战略资源的直接型后方策应、补给、支援基地；

④将成为环北部湾旅游胜地的黄金海岸；

⑤将逐步形成环北部湾海滨城镇带；

⑥将为中国国防以及稳定南太平洋区域提供战略保障性海湾空间。

21世纪初，“北部湾城市共同体”将进入实质性战略策划、区域性规划、城镇规划及开发的实施阶段。广西北海将成为“北部湾城市共同体”的中心城市；防城港、北海与湛江将形成一条独具北部湾特色的“城镇带”，这条“城镇带”将集中“北部湾城市共同体”的海洋科技研发、海洋资源加工、石油资源开采支援、石油资源储备、海洋文化创意、海洋旅游、海洋居住社区的新一代“产业链”，成为拉动大西南的一条海洋经济、科技与文化大动脉。

“北部湾城市共同体”的第二阶段是中国与越南沿北部湾城市建立国际性联合体——包括胡志明市（越南）、河内（越南）、海防（越南）、防城港、钦州、南宁、北海、茂名、湛江、海口、博鳌和三亚形成一个半围合城市圈。基于北部湾的战略位置、战略资源、战略影响及其国际合作前景，中越两国的和平共处前景直接关系到进入国际城市圈的“北部湾城市共同体”。

2）“产业城市共同体”

20世纪50年代开始，中国开始出现随着产业崛起而形成的新兴城镇：玉门、大庆、克拉玛依——石油城，长春、十堰——汽车城，攀枝花、鞍山——钢城，富拉尔基、武汉、沈阳——重工业城，马兰、厦门——国防城。显然，这些城市作为 1949 年新中国成立后进入工业社会的历史见证，也是中国走向国家重、轻工业之路的产业城市化奠基性起点。

改革开放 25 年进程使中国城市快速越过被西方历史学家称之为“后工业社会”时代而进入信息时代。尽管中国城市在基础设施、人力资源等方面的综合素质与发达国家城市仍然存在相当距离，但是在全球化的信息网络及文化创业产业进展方面，中国一方面开始加快建立新兴产业基地，另一方面则是大胆与国外先进跨国公司合作拓展老城市的新生产业空间。于是一些城市随着各类新兴产业基地应运而生或“改头换面”，焕发出新的城市活力。事实上，中国的新兴产业城市进展在策划及实施方面已经与世界发达城市同步或进入世界前沿。

21 世纪中国城市发展的趋势之一为新兴产业决定城市文化主题及其主体性质。一项新兴产业可以建立一座新城，一项新兴产业也可以改变一座城市的命运。成为“新兴产业”的产业一方面来自自主引进、外资引进、合资移植，也可以由自主创业、自主或自助型投资、联合或连锁投资形成；在一些拥有深厚历史背景及基础科研与工业基础资源的大城市，对传统产业实行改组、重组性改造而“脱胎换骨”派生出新的产业分支及新兴产业群，这是一项非常富于自主创新意识的城市革命。

建立“产业城市共同体”的基本前提是产业城市跨地区、跨城市的自主联合、自主形成交流、合作、信息与资源共享的平台，这是一种从产业、行业到城市健康成长的必然趋势。合作确立一种“城市联合体制”网络的意义首先便是打破原地、原省及行业的条条块块局限，在一种基于同类产业的行业基础上联合建立可行性“共同体”，从而首先在产业信息流通及共享领域实现平行及平等互惠合作。

21 世纪初期，中国城市将快速建立以下充满极度希望的城市共同体：

（1）高科技产业城市共同体

以生物、电子、军工、精密机械、航海、生态农业、能源为主体产业的城市将会很快建立行业联盟，在此基础上逐步发展为高科技产业城市共同体。

（2）“文化创意产业城市共同体”

长春、北京、上海、广州、香港将会迅速振兴与发展电影产业，而且这五座城市将建立“中国电影城市共同体”，以电影产业为基础联合进入国际电影市场，成为美国好莱坞与印度宝莱坞的竞争对手。

重庆、武汉、南京将建立“长江文化创意产业城市共同体”，立足于长江流域地域文化基础资源，在主题旅游、地理文化信息、民间艺术影视、地方风土人情、无形文化遗产等项领域形成城市关联产业链接型平台。

鄂尔多斯、锡林郭勒、呼伦贝尔、满洲里、海拉尔将建立“草原文化创意产业城市共同体”。以蒙古族文化与草原生活为纽带连接草原城市，建立草原电影、草原音乐、草原影视、草原观光、草原文学、草原摄影、草原美术、草原度假、草原游牧、草原主题夏令营、草原国际会议、草原时装设计及表演、草原牧民家庭风情体验、草原图书编辑出版等项面向世界的产业，需要各城市间建立关联协作、条约互助、资源共享的共同体，有利于草原城市的协调健康发展。

（3）航天产业城市共同体

四川西昌、甘肃酒泉、山西太原、四川绵阳、湖北孝感、海南文昌、贵州六盘水可以立足本地主干产业基础结构体系建立“航天产业城市共同体”，逐步成为中国主体航天产业城市群，便于城市间交流与合作，也将为各城市产业沿革及其成长模式建立必要的关联组合性前提条件。

（4）资源城市共同体

中国拥有一批资源性城市，资源成为城市生存与发展的命脉。

煤——平顶山、兖州、唐山、鸡西、大同、阳泉、抚顺、阜新；

石油——大庆、盘锦、东营、克拉玛依、长庆、扶余、濮阳、潜江；

水电——宜昌、新安江、三门峡；

风景——桂林、杭州、张家界、蓬莱、三亚；

名胜旅游——大同、敦煌、西安、拉萨、喀什、北京、丽江；

红色旅游——武汉、南昌、井冈山、安源、遵义、延安。

上述分项为“有形资源”，这是基于中国各地有着各具特色与潜力的基础物质及文化遗产。此外，中国还拥有一批“无形资源”，一些地方的具有历史渊源并独具文化特色的民俗风情，对于地方文脉具有确凿的见证性意义。

石油城市共同体、电力城市共同体、旅游城市共同体、交通城市共同体、生态城市共同体、国际城市共同体……

.中国城市化程度的主体要素并非大城市或特大城市，而是遍及中国各个角落的小城市与集镇。

26. 城镇素质比规模更重要

1 ）“特大城市时代”的终结

2006 年 1 月，我在马德里与一批来自荷兰、德国、美国、墨西哥、澳大利亚、日本、法国、西班牙、印度的城市规划学者成立了“城市思想飓风小组”，研讨主题为：“特大城市时代的终结”。其中一项观点非常鲜明，在当时来自发展中国家的成员中引起强烈反响：发达国家的城市越来越小，发展中国家的城市越来越大。

城市越来越大，难道仅仅是人口问题吗？

城市越来越大，难道是出于全球经济一体化的原因吗？

城市越来越大，难道就此可以界定城市现代化程度吗？

城市越来越大，难道是发展中国家的发展规律吗？

城市越来越大，是否由于发达国家向发展中国家实现“公害转嫁”所致？

……

诸如此类的问题在“城市思想飓风小组”引起系列辩论，尽管意见分歧十分明显，但是大家在一个观点上很快达成共识：城市并非越大越好。

2 ）大城市危机开始直接威胁到人类的生存

18~19 世纪工业革命的工厂需要大量劳工，首先在欧洲引起史无前例的“移民潮”，大批农民背井离乡告别家园进城，从纺织女工到机械工，从建筑工到搬运工，伦敦、利物浦、巴黎、布鲁塞尔、汉堡的城区在逐年快速扩张，成排成排的“长屋”（ 19~20 世纪影响形成上海的里弄 ）为来自农村的“工人”提供简易住居。于是，新城市在涌现，老城市在不断扩大。世界大城市排名榜纪录在不断刷新。

在工业时代至后工业时代，城市的规模往往体现出一个国家发展和发达的标志。纽约、巴黎、伦敦、东京、香港在 20 世纪曾经以发达的特大城市闻名于世。

第二次世界大战后，随着环境污染、社会治安、文化价值观出现的系列倾斜直至各种“城市病”，“城市危机”的黄色信号首先在西方社会媒体出现：《美国大城市的死与生》、《巴黎进入解体时代》、《伦敦的边界在哪里》、《东京灰色的天空》等等。人类几乎对于自己在工业与科学技术方面的进步完全充满自信，甚至毫不怀疑社会经济的发展必然会带来城市的繁荣和发展！

可是，只是当“城市病”开始以侵蚀人类健康与安全的威胁开始蔓延之际，人们终于开始怀疑现代城市文明的价值：国家社会经济发展、科学技术进步与城市成长同步吗？国家社会经济与科学技术越发展，城市就会越来越大吗？

结论并非如此。

20 世纪 70 年代，一个名为“罗马俱乐部”的组织在所提出的《未来的一百页》报告中指出：世界大城市所暴露出来的危机已经开始直接威胁到人类的生存；城市问题不只是一个国家或区域性问题，而是全世界面临的共同课题。

20 世纪 80 年代，美国未来学家奈斯比特在其著作《大趋势》中指出：“美国大城市的包袱越来越沉重”；“美国的许多新思想并非在大城市出现，而是来自那些小城市和小镇”。

为解决城市“大”所带来的一系列问题，发达国家依据霍华德“花园城市”及“卫星城”的理论，于20世纪50年代末开始在大城市周边地区投入建立“卫星城”的实践，法国、美国、日本、英国走在最前面，从“卧城”、“科学城”、“大学城”、“创意产业城”到各类新城，卓有成效地分解或分担了大城市居住及就业等方面的压力。

发达国家建立卫星城的有效方法是“卫星城与连接母城的公共交通网络体系同步”。以轻轨、公共客车、高速及各种自助人行道路系统将卫星城与母城编织进入一个全方位捷运体系。

3）城市范围越大造成“包袱”越来越重

历史重复历史。

在崇拜西方城市文明、向往发达国家发达城市文明的过程中，我们不知不觉地在复制、变相复制或变本加厉复制那些所谓现代的西方“大城市文明”。

国家对于实现城市化的第一步措施在于扩大城市数量及其规模。具体途径为大范围增加县级市与地级市，本来是县城或专区（地区）所在地的集镇一跃而为市。显然，县级市与地级市的行政级别及待遇大幅提高，而镇的地位仍在原地徘徊甚至下降。由于县级市与地级市上得很快，真正懂得治理城市的专业干部队伍跟不上，许多曾经是学农业主管农业的县长一夜之间成为县级市或地级市的市长，这批干部往往是愿望好、热情高、干劲足，但是城市规划乃至实施败笔屡屡。由于缺乏对这些县级市与地级市市长真正在专业上的监督机制，所导致的误区甚至工程腐败性业绩给国家造成巨大损失，但干部却是调动或升迁一走了之。

基于中国数千年农业大国的历史背景，实现城市化之路是否城市数量增长越快越好？城市规模越大越好？对此，我们必须反思。

“好大”、“贪大”、“求大”、“做大”、“夸大”成为20世纪80~90年代中国城市发展决策意识的共识与通病。全国各地几乎同时出现“大上海”、“大武汉”、“大北京”、“大重庆”、“大广州”的提法或口号，地方城市报的头版头条几乎清一色的“城市范围扩张”新闻：北京“五环开通六环在建”，广州“将在南沙建设第二个新广州”，武汉“城市新环线即将连接仙桃咸宁孝感”，上海“崇明岛东滩开发引人瞩目”……

中国城市发展普遍出现城区范围扩大现象是一个不可回避的历史过程。在一个人口众多而又急切渴望实现城市化的发展中国家以拓展新城区扩大城市规模，进而提高城市综合素质的途径确实必要。但是，仅仅是土地变性及城区延伸的“途径”能够从实质上提高城市素质吗？事实恰恰相反：城市范围越大造成“包袱”越来越重！

各类“新区”的土地开发更多地追求“新区”的经济效益及政绩影响，而“新区”与原市区在城市体系上由于缺乏网络便捷交通支撑，导致一些“新区”成为城市边缘的增殖型“孤岛”。城市力图以一圈圈“环线”将各个“孤岛式新区”串联起来，事实上，“环线”由于多考虑汽车交通及其道路出入口的规范设置，在交通的人性尺度方面忽视了人的基本需求，导致一些大城市的“环线”只是拥挤与堵塞的车道，并未在普及层面上为人的自主交通提供切实的方便。

各类“楼盘”成为城市扩张的标志。“楼盘”多为成片土地的连接型开发，“楼盘”之间多为围墙之类的边界，城市的公共空间只是萎缩在“楼盘”之间尚未被蚕食的地带。“楼盘”代表各房地产开发集团的利益与商业目标，甚至以牺牲城市公共功能为代价而成全“楼盘”之间的商业平衡。城市之“大”似乎首先落脚于“楼盘”之大，结果我们的城市正在演变为“楼盘城市”，富于人情味的传统街巷正在逐步消失。于是，楼盘在城市空间的无序扩张促进了以汽车为主导的城市交通模式。

大城市在追求城市的“大气派”，大广场、大喷泉、大立交、大楼盘、大会展在城市地平线上接二连三争相显示大城市门面。可是，在城市生活的细部层面，往返于大街小巷的有轨电车悄悄地消失了，自行车被逼到街角，步行道被临时停车挤压得狭窄扭曲 ，活动场地被工地重重包围，往日洒满阳光的小院被淹没在邻近高层建筑的阴影中……

4）“小的是美好的”

20 世纪 80 年代初，一部由联合国教科文组织出版的专著《小的是美好的》影响了全世界大城市与特大城市的“好大”思维模式，人类需要重新衡量大城市与特大城市带给我们城市生活的质量！经历了从工业社会到后工业社会“城市膨胀”的超级城市热洗礼之后，人们终于开始意识到城市“小的是美好的”。

近年来，在海外生活与旅行期间，我注意到发达国家的大城市开始从思想意识到实施细节纷纷回到“小城市时代”。

大城市的“小城市时代”意味着重新追寻邻里之间的温馨氛围，回归步行者的尊严及其动线人性尺度，让自行车在属于自己的道路上自由自在地穿行于城市的大街小巷，所有的公共空间都配置人本服务的细部设施及小品，残疾人可以安全顺利地到达城里的任何目的地……

中国的城市发展之路上留下一些一时难以避免重蹈发达国家大城市覆辙的痕迹，1/4 世纪的城市化过程留下了时代辉煌的历史业绩，同时也给我们带来很多教训。对此，切实的科学态度及方法是结合国情从反思到优化：

——适当抑制以“楼盘城市”一味扩张城市圈的规划及开发模式，规划建设好各具功能、各具特色、各具风格的“卫星城”，形成基于完善交通体系的“卫星城市圈”；

——重新倡导并以城市法规保障自行车的权益，以自行车的运行尺度（而不是汽车尺度）规划与开发城市新区；

——控制城市数量及其规模，注重保护、适当开发并增加集镇，未来绝大多数中国人并非生活在大城市，而是居住在集镇；

——在城镇全面普及无障碍系统规划设计与实施；

——给高龄者与儿童保留足够的活动场地；

……

中国将走出一条真正属于自己的城市化之路。

中国城市化程度的主体要素并非大城市或特大城市，而是遍及中国各个角落的小城市与集镇。

中国，回归集镇的时代开始了！

5）城镇：规模与素质的类比

（1）深圳与东莞

1980 年 2 月的一个星期五，上海滩春寒料峭，同济大学城市规划教研室开会专题讨论北京某院提出的“深圳经济特区规划”。

一张 79 厘米 ×92 厘米“深圳经济特区规划”总平面图挂在墙上，拘谨的街区路网从宝安县城与香港接壤的罗湖火车站向周边有限延伸，现代城市的若干基本功能节点与社区被省略或被忽视。徐循初教授指出：“千万要注意特区发展过程中汽车快速增长的趋势，一方面新建筑必须配置地下车库或地面停车场，同时需要考虑城市主干道的交通流量及其适应可持续性发展的备用条件。”陶松龄教授就城市中心规划定位提出良策：“未来的深圳特区将主要朝什么方向发展？直接关系到城市中心区定位；目前的选址应该与未来城市社区格局的重心适当吻合。”阮仪三教授的意见十分明确：“作为特区的新城区开发应该与保护宝安县城旧城区有机结合，务必保住特区城市文脉的根。”

29 年前同济大学教授的进言在深圳发展过程中陆续被验证。近年来，深圳在反思中实现市中心区迁移、基础设施及环境整治到城市规模适当控制，使得城市更加理性与独特。这座特区城市的高层人士近期表示：深圳正在从一味追求规模的时代转型至“城市素质时代”。

1996 年第一次路过东莞，直觉发现这是一个从发达国家或地区转移过来的工业化急速膨胀的新型城市，到处是工厂，城市环境与工业革命时代的伦敦工业区几乎同样糟糕！2006 年再次去东莞，洁净生态的市区改变了我以往对东莞的印象。主管城市规划的市政府干部说：“过去我们决意将东莞建成为与香港、深圳、广州相抗衡的大城市，但前几年城市发展的战略作出调整，不能拼规模，而是要比素质！东莞的实力在于所辖 15 个集镇。事实上，我们一个集镇的效益比某些大城市还要高。”

（2）横滨与东京

处于东京鼻子底下的横滨从未计划与东京合并。尽管 20 世纪 60~70 年代东京的发展一度让横滨简直无所适从，但是横滨执意走出自己的发展之路。20 世纪 80 年代初，横滨开始推进“MM21”城市战略，将国际会议与国际博览结合，立足港口城市特性呈外向型发展。近 30 年的经历表明横滨“MM21”计划确保城市进入了健康成长之路。

（3）拉霍亚与圣迭戈

美国西海岸南端城市圣迭戈的实力并不完全在于市中心区，而是市区北端的拉霍亚小镇。这里是美国乃至世界最前沿、最高端生物高科技基地，DNA 以及系列尖端科研成果在这里诞生。说起生命科学，全世界几乎对拉霍亚小镇及索尔克研究中心肃然起敬。

拉霍亚小镇的官员直言不讳：“我们不是靠规模，而是靠这个小镇的素质赢得世界影响与地位。”

（4）圣何塞与圣弗朗西斯科

中国的小学生都知道美国硅谷，但即使是中学生也不一定知道硅谷所在的一座小城市——圣何塞。几乎就在圣弗朗西斯科的怀抱里，可是圣何塞从未想过投奔邻城而成为“大圣弗朗西斯科”。

硅谷坐落于环绕圣何塞的一个个小镇式社区，这里几乎没有工业化时代的影子，而是时刻拨动世界心弦的高科技产业研发阵容。仅以城市规模评价硅谷的影响力显然太不恰当，只有中国模仿硅谷的各种“谷”全部集中在大城市。

（5）景德镇与荆州城

2005年陪同一位对中国古代瓷器如痴如醉的英国学友专程去景德镇，在探访一座古窑时他突然提出一个问题：“为什么要将景德镇改为景德镇市呢？你们可要知道全世界了解中国首先可是从景德镇开始啊！”

《三国演义》120回其中有70回的故事发生在湖北，而最精彩的章节几乎都与荆州古城相关。突然有一天，荆州古城与沙市合并成了荆沙市。一些了解中国历史的游客无不感慨！甚至听说某国元首也认为荆沙市不妥。结果后来又将荆沙市改为荆州市。

6）“小”与“大”的观念差异

我们在接受“大”概念的环境中成长起来，从“地大物博”到“大跃进”，从“大串联”到“大三线”，再从“大城市”到“大世界”，无不以“大”为自豪。当来到伦敦唐宁街10号，当看到被我们称之为“超级大国”的总统府白宫只有两层，当看到美国威斯康星州首府麦迪逊仅仅是一座20万人口的小城……很难想象，中国有些县政府办公楼也比白宫高很多层！

7）“中国制造”的“世界工厂型大城市”

中国历史上并无“大城市”之称，从“城”到“码头”进入大城市时代，中国人经历了西方城市文化熏陶、城市技术洗礼、城市生活变迁以及城市文化冲突。时值中国改革开放正与发达国家从后工业时代向信息时代转型期，于是前工业时代的加工制造业纷纷向中国转移，中国的沿海开放城市及大城市迅速集结了大批以加工制造业为主体的开发区工厂群，中国城市迅速膨胀，成为“中国制造”的“世界工厂型大城市”。

在欧洲，我们驾车游历了近百座小城市和小镇，获得一项惊人的发现：日本索尼、尼康、丰田、日产、三菱均将他们的高端研发基地布局于那些小镇；与此同时，他们将加工制造基地布局于中国。这是一个历史事实。但是，急欲取得引进外资项目政绩的某些城市官员想到过这些事实吗！在瑞士，与一位尼康研发中心人员交谈，他说：“我们不会让上游关键技术项目进入中国。”

究竟什么是我们中国落后的“包袱”？仅仅靠拾人家工业化转移牙惠能甩掉落后的“包袱”吗？仅仅靠“中国制造”的“世界工厂型大城市”规模经济能甩掉落后的“包袱”吗？显然不能。我们不能奢望靠被动的“中国制造”扩大城市规模而崛起，关键是需要“中国研发、中国设计、中国创意”以提高城市素质，从而在根本上甩掉落后的“包袱”。

8）大城市的三大“包袱”

中国走过了1/4世纪（1980~2009）城市化之路，成就举世瞩目，但是我们为成就所付出的代价以科学观反思与评价，可以概括为“素质”与“规模”的矛盾。20 世纪 80 年代中期，为了完成建立多少个县级市、地级市的指标（其中多项城市规模指标没有科学依据），临时抽调配备的很多城市干部并不具备城市专业素质，结果从干部素质到城市素质普遍留下后遗症，逐渐成为城市包袱：①城市决策体制过于注重行政级别而忽视城市科学，领导个人意志决策导致城市规划连续变更，而变更的目的多以新区或新项目规模体现某一位或某一届决策者政绩；②城市资源环境、人文环境与生活环境普遍受到污染及破坏，治理成本高、难度大；③城市基础设施欠缺，交通困扰成为城市普遍面临的“城市病”。

国家城市化的基本目标并非单纯追求城市规模及数量，而应将以基于城市科学考究城市素质置于发展首位。无论是集镇还是中小城市或大城市，应该将确保人民健康生活品质列为城市素质第一位。2003 年“非典”时期一些大城市几乎瘫痪，许多人去了山清水秀的小城市或集镇。

9）集镇始终是中国人的家园

游历、考察、研究、体验并旅居国内外数百座城镇，我悟出一点体会：当今世界没有任何一个国家的城市化模式可以为中国照搬，中国的国情需要我们探索适于中国城镇化之路。

一个拥有多地域自然、文化、经济、习俗差异的国家应该建立多元城镇化体系，落脚点应该是扶持更普及与更接近广大农村老百姓生活层面的集镇。国家应该制定政策支持逐步提高中西部中小城市与集镇的综合素质，以逐步改变区域发展不平衡局面。

10）城市素质及其能量并不与其规模成正比

中国大城市发展已经进入“瓶颈期”，仅仅是交通与环境负荷就使得某些作为经济火车头的城市“内耗”过重。显然，建立中国和谐社会需要和谐城市，而作为和谐城市的标准绝非大而不当的规模，而是城市的高素质。

《世界是平的》一书作者及世界媒体认为引领印度经济与科技甚至改变未来国家命运的并非新德里、加尔各答和孟买，而是班加罗尔。其实，班加罗尔的实力并不是规模，而是以其高素质所产生的高能量。

信息时代，城市素质及其能量并不与其规模成正比。

在中国，我们可以预言：甩掉国家落后包袱不能依靠大城市的规模，而是遍及祖国各地包括千万座集镇在内的城镇素质。

我们也可以预测：引领未来中国经济与科技的“火车头城市”并不局限于上海、广州、重庆那些大城市，而很有可能是马兰、东莞或为美国五星上将制造军衔的一个浙江集镇。

在世界城市化进程中，中国刚开始起步。但愿我们不要过于偏向或热衷于城市规模，而更应该注重城市素质。

后 记

人类从部落时代、地区时代、国家时代、世界时代到地球时代，当月球上首次出现地球人的脚印时，标志人类从地球时代进入宇宙时代。

当突破建筑的局限走上城市平台时，仿佛从地球飞向宇宙。原来城市宇宙如此蕴含丰富、博大精深。建筑犹如城市宇宙的一片星云，尽管是局部但精彩无限。

从建筑到城市、从城市到建筑是我的求学之路。在同济大学接受了建筑学与城市规划的基础教育，同济治学经典指导一路求知修炼；在东京大学城市设计的专攻使我从方法到思想进入城市体系，名师教导、学无止境；从香港大学经斯坦福、普林斯顿到哈佛大学进行城市课题研究，又使我得以在人类空间层面感悟到城市主义。

回国研究中国城市主义的计划来自学术使命和历史责任。从研究到写作本书凝聚了我多年的心血，这是我对祖国的奉献与心愿。此研究并没有最终结论，只是起步阶段的思考线索。

感谢北京、重庆、沈阳、长春、上海、武汉、昆明、威海、太原、乌鲁木齐、北海、广州、深圳、青岛、厦门等城市政府、《中国国家地理》杂志社、《环球时报》和中央电视台科教频道等对本项目研究的支持与协助。

中国建筑学会原秘书长张祖刚教授审定书稿，在此致以诚挚的敬意。中国建筑工业出版社以对国家城市发展研究的关注支持出版本书，本人十分感激！出版社领导、吴宇江责任编辑和相关工作人员尽心尽责，体现出高度敬业的素质。

在本书尚未完稿之际，我却重病住院。武汉大学的贺念、宋超和小韦三位同学以拼音字母板和我沟通，终于写完“序”和“后记”，在此深感欣慰。

在我住院期间，学友刘雁飞、阳云贵、胡斌、吴之凌（湖北）、祁叶、郭戍、程旭、戚非子、张明天、李栓科、郭毅敏、曾昭奋（北京）、张燕来（福建）、程泰宁（浙江）、李玉琳（山东）、郭明（山西）、顾如珍、卢济威（上海）、阿尔法偌•法勒拉（西班牙）、张志宏、安德鲁（美国）、太田浩史、本江正茂（日本）一直对我的健康予以关心、对我的写作予以支持，在此我表示由衷地感谢。

特别是我的妻子和女儿对我予以精心护理，使得本书得以顺利完成初稿。

全书在我住院期间写成，历时3年，书稿中难免存在失误，恳请大家予以宽容体谅和指正。我梦想在我康复之日再进一步修订完善作品，我渴望着那美好时光的早日来临。

张在元

2010年7月26日于武昌